Selçuk Emre Görkem

Akma Çizgileri Yönteminin Yüksek Dayanımlı Döşemelere Uygulanması

AF570812

Selçuk Emre Görkem

Akma Çizgileri Yönteminin Yüksek Dayanımlı Döşemelere Uygulanması

Deneysel ve Teorik Araştırma

Türkiye Alim Kitapları

Impressum / Yayınevi adı
Bibliografische Information der Deutschen Nationalbibliothek: Die Deutsche Nationalbibliothek verzeichnet diese Publikation in der Deutschen Nationalbibliografie; detaillierte bibliografische Daten sind im Internet über http://dnb.d-nb.de abrufbar.
Alle in diesem Buch genannten Marken und Produktnamen unterliegen warenzeichen-, marken- oder patentrechtlichem Schutz bzw. sind Warenzeichen oder eingetragene Warenzeichen der jeweiligen Inhaber. Die Wiedergabe von Marken, Produktnamen, Gebrauchsnamen, Handelsnamen, Warenbezeichnungen u.s.w. in diesem Werk berechtigt auch ohne besondere Kennzeichnung nicht zu der Annahme, dass solche Namen im Sinne der Warenzeichen- und Markenschutzgesetzgebung als frei zu betrachten wären und daher von jedermann benutzt werden dürften.

Deutsche Nationalbibliothek tarafından yayınlanan bibliyografik bilgiler: Deutsche Nationalbibliothek, bu yayını Deutsche Nationalbibliografie'de listeler; detaylı bibliyografik bilgi İnternet'te http://dnb.d-nb.de sitesinde mevcuttur.
Bu kitapta bahsedilen herhangi bir marka ve ürün adı, tescilli marka, marka veya patent korumasına tabidir ve ilgili sahiplerin ticari veya tescilli markalarıdır. Marka, ürün, ortak ve ticari adların, ürün açıklamalarının v.s. işbu eserde özel işaretleme olmadan bile kullanılması, bu çeşit adların, tescilli marka ve marka korunması kanunu açısından kısıtlanmamış ve böylece herkes tarafından kullanılabilir olarak hiç bir şekilde yorumlanamaz.

Coverbild / Kitap kapağı resmi: www.ingimage.com

Verlag / Yayıncı:
Türkiye Alim Kitapları
ist ein Imprint der / yayınevinin bir ticari markasıdır
OmniScriptum GmbH & Co. KG
Heinrich-Böcking-Str. 6-8, 66121 Saarbrücken, Deutschland / Almanya
Email / E-posta: info@turkiye-alim-kitaplary.com

Herstellung: siehe letzte Seite /
Basım yeri: son sayfaya bakın
ISBN: 978-3-639-67136-0

Zugl. / Approved by: Trabzon, Karadeniz Teknik Üniversitesi, 2009

Copyright / Telif hakkı © 2014 OmniScriptum GmbH & Co. KG
Alle Rechte vorbehalten. / Her hakkı saklıdır. Saarbrücken 2014

ÖNSÖZ

Bu çalışma Karadeniz Teknik Üniversitesi Fen Bilimleri Enstitüsü İnşaat Mühendisliği Anabilim Dalı'nda doktora tezi olarak gerçekleştirilmiştir.

"Yüksek Dayanımlı Betonarme Döşeme Davranışlarının Plastik Mafsal Çizgileri Yöntemine Göre İncelenmesi" başlıklı bu çalışmayı bana öneren, diğer önemli görevlerine rağmen, çalışmanın başlangıcından sonuna kadar sürekli takip eden, araştırma zevki ve bilimsel düşünce disiplini aşılamak için uğraş veren, tezimin bütün aşamalarında bilgi ve tecrübesinden faydalandığım danışman hocam Sayın Prof.Dr. Metin HÜSEM'e şükranlarımı sunmak isterim.

Bu çalışma, K.T.Ü. Bilimsel Araştırma Projeleri Komisyonu tarafından desteklenen 2006.112.01.10 kod numaralı araştırma kapsamında gerçekleştirildiğinden K.T.Ü. Rektörlüğü'ne teşekkürlerimi sunarım.

Çalışma esnasında görüş ve yorumlarından yararlandığım doktora tez izleme komitesi ve aynı zamanda juri üyesi hocalarım Sayın Prof. Dr. Yusuf AYVAZ ve Sayın Prof. Dr. Hasan SOFUOĞLU ile doktora savunma sınav juri başkanı değerli hocam Sayın Prof. Dr. Ing. Ahmet DURMUŞ ve juri üyesi kıymetli hocam Selçuk Üniversitesi Öğretim Üyesi Sayın Prof. Dr. Mevlüt Yaşar KALTAKCI'ya değerlendirme ve önerilerinden ötürü müteşekkirim.

Çalışmalarımda ilgi ve yardımlarını gördüğüm, Yapı ve Malzeme laboratuarı çalışanlarından başta hocam Sayın Yrd. Doç. Dr. Selim PUL, hocam Sayın Prof. Dr. Şakir ERDOĞDU, çalışma arkadaşlarım Yrd. Doç. Dr. Ertekin ÖZTEKİN, Öğr. Gör. Ercan YOZGAT ve Arş. Gör. M. Emin ARSLAN'a teşekkür ederim. Ayrıca Trabzon'da bulunduğum süre boyunca desteklerini gördüğüm kıymetli büyüklerim ve değerli hocalarım K.T.Ü. öğretim üyeleri Sayın Doç.Dr. A. Mevhibe COŞAR ve Sayın Doç.Dr. Kemal ÜÇÜNCÜ'ye özellikle teşekkür etmeyi bir borç bilirim.

Son olarak hayatım boyunca beni sabır ve şefkatle destekleyen aileme müteşekkîr olduğumu belirtir, çalışmanın ülkemize faydalı olmasını dilerim.

Selçuk E. GÖRKEM
Trabzon 2009

İÇİNDEKİLER

Sayfa No

ÖZET

Bu çalışmada, geleneksel betonla yapılan döşemelerde oldukça kullanışlı olan plastik mafsal çizgileri yönteminin yüksek dayanımlı betonarme döşemelere uygulanıp uygulanamayacağı araştırılmıştır. Bu döşemelerin davranışları, değişken mesnet koşulları, boyut etkisi ve geleneksel betonarme döşemelerle karşılaştırmalı olarak incelenmiştir. Ek olarak yüksek dayanımlı betonarme döşemelerde donatı aralıkları değiştirilerek donatı içeriğinin döşeme davranışına etkileri de araştırılmıştır. Çalışmada yalnızca betonarme döşemeler değil, günümüzde oldukça yaygın bir kullanım alanı olan çelik lifli beton döşemeler de, döşeme boyutları, beton özellikleri ve lif içerikleri değiştirilerek incelenmiştir.

Bu amaçlarla gerçekleştirilen çalışma beş bölümden oluşmaktadır. Birinci bölümde genel bilgiler, ikinci bölümde yapılan deneysel çalışmalar, üçüncü bölümde deney bulguları ve irdelemeler verilmiş, dördüncü bölümde ise çalışmadan çıkarılabilecek bazı sonuçlar özetlenmiş ve bazı öneriler yapılmıştır. Bu bölümü çalışmanın son bölümü olan yararlanılan kaynaklar dizini takip etmektedir.

Elde edilen sonuçlar, yüksek dayanımlı betonarme döşemelere plastik mafsal çizgileri yönteminin uygulanabileceğini göstermektedir. Ancak yöntem, bu çalışmada denenen lifli beton döşemelere, liflerde akma oluşmadığı için uygulanamamıştır.

Anahtar Kelimeler: Plastik Mafsal Çizgileri Yöntemi, Betonarme Döşeme, Yüksek Dayanımlı Beton, Geleneksel Beton, Çelik Lifli Beton

SUMMARY

Investigation of Behavior of High Strength Reinforced Concrete Slabs using Yield Line Theory

The object of this study is that whether the yield line theory, which is an effective method widely used for the slabs made of ordinary concrete, is the suitable to be employed not for the reinforced concrete slabs made of high strength concrete. The behavior of high strength reinforced concrete slabs with different boundary conditions and sizes was investigated in comparison with ordinary reinforced concrete slabs. Additionally, the behavior of high strength reinforced concrete slabs having reinforcement with different spacing was studied. In the work, it was studied not only the behavior of reinforced concrete slabs, but it was slabs varying in sizes with steel fibers of different ratios also investigated.

The results obtained indicated that the yield line analyses can be conveniently employed in the analysis of high strength reinforced concrete slabs. This method, however, seems not to be applicable to the concrete slabs having steel fibers as the steel fibers in the concrete slabs do not at all stressed up to their yield capacity.

The work consists of five chapters. General information associated with the study is given in the first chapter. Experimental work is given in the second chapter of study. Test results along with discussions work presented in the third chapter. The conclusions obtained from the study were outlined in the fourth chapter. This is followed by the final chapter containing a reference list.

Key Words : Yield Line Theory, Reinforced Concrete Slab, High Strength Concrete, Ordinary Concrete, Steel Fiber Concrete

ŞEKİLLER DİZİNİ

TABLOLAR DİZİNİ

SEMBOLLER DİZİNİ

A ; Kenarları ankastre döşemeler
B ; Kenarları basit mesnetli döşemeler
GB ; Geleneksel beton
K ; Komşu kenarları türdeş döşemeler
P ; Paralel kenarları türdeş döşemeler
YDB ; Yüksek dayanımlı beton
a ; Eşdeğer dikdörtgen diyagram derinliği
A_s ; Donatı alanı
c ; Kare kolon kenar uzunluğu, yükleme plakasının kenar uzunluğu
c_e ; Eşdeğer dairesel kolon yarıçapı
d ; Faydalı yükseklik
D ; Plak eğilme rijitliği
E ; Elastisite modülü
F_c ; Betonda oluşan basınç gerilmelerinin bileşkesi
F_s ; Çelik donatıda oluşan çekme gerilmelerinin bileşkesi
f_c ; Beton basınç dayanımı
f_{ck} ; Betonun karakteristik basınç dayanımı
f_{cm} ; Betonun ortalama basınç dayanımı
f_y ; Donatı çeliğinin akma dayanımı
f_{ct} ; Beton şahit numunenin çekme dayanımı
f_{ctk} ; Betonun karakteristik çekme dayanımı
f_{ctm} ; Betonun ortalama çekme dayanımı
G ; Kayma modülü
h ; Döşeme kalınlığı
l ; Döşeme serbest açıklığı
I_c ; Beton kesitin atalet momenti
L ; Plastik mafsal çizgisinin dönme ekseni üzerindeki uzunluğu

m	; Plastik mafsal çizgilerinde oluşan pozitif moment
m^{l}	; Plastik mafsal çizgilerinde oluşan negatif moment
m_r	; Direnme momenti
M_{cr}	; Beton kesitin çatlama momenti
M_x	; x ekseni doğrultusundaki eğilme momenti
M_y	; y ekseni doğrultusundaki eğilme momenti
M_{xy}	; Burulma momenti
P_{bd}	; Beton döşeme teorik kırılma yükü
p_u	; Nihai yük
Q_x	; x ekseni doğrultusundaki kesme kuvveti
Q_y	; y ekseni doğrultusundaki kesme kuvveti
r	; Dairesel göçme mekanizmasının yarıçapı
u	; x doğrultusundaki şekildeğiştirme
v	; y doğrultusundaki şekildeğiştirme
$w(x,y)$	; Plak sehimleri
z	; Moment kolu
τ_{xy}	; Kayma gerilmesi
σ_x	; x ekseni doğrultusundaki normal gerilme
σ_y	; y ekseni doğrultusundaki normal gerilme
σ_z	; z ekseni doğrultusundaki normal gerilme
ε_z	; z ekseni doğrultusundaki birim şekildeğiştirme
ν	; Poisson oranı
Δ	; Laplace operatörü, yerdeğiştirme
ψ	; Mesnetteki dönme açısı
θ	; Plastik mafsal çizgisinin dönme eksenine dik dönme açısı
α	; Plastik mafsal çizgisinin donatı ile yaptığı açı
β	; Dairesel göçme mekanizmasındaki merkez açı
φ	; Negatif momentin pozitif momente oranı (ankastrelik oranı)
ϕ	; Donatı çapı
γ_{xz}, γ_{yz}	; Kayma birim şekildeğiştirmeleri

1. GENEL BİLGİLER

1.1. Giriş

İnsanoğlu varlığından bu yana, doğada bulduğu birçok malzemeyi, barınma ihtiyaçlarını karşılamak amacıyla yapı malzemesi olarak kullanmıştır. İlk zamanlarda ağacı işleyip basit bağlantılarla kendilerine barınak oluşturmuşlardır. Daha sonra ise dayanımı ahşaba göre daha yüksek olan taşı yapı malzemesi olarak kullanmaya başlamışlardır. Yapıların oluşturulmasında taşın kullanımı, ellerinde bağlayıcı olmadığından sınırlı kalmıştır. Taşın çekme dayanımının düşük olması nedeniyle geçilen açıklıklar sınırlı düzeyde kalmıştır. İnsanoğlunun daha büyük açıklıklar geçme ihtiyacı, tüm kesitin basınca çalıştığı kemer sistem gibi yeni bir sistemin gelişmesine neden olmuştur. Daha dayanıklı yapılar ise kireç ve doğal çimento gibi bağlayıcıların bulunması ile inşa edilebilmiştir. İlk kez Romalılar tarafından kullanıldığı sanılan doğal çimento üzerinde 18. yüzyıla kadar büyük bir gelişme olmamıştır. John Smeaton adlı bir İngiliz, kireçtaşı ve kil karışımından bir tür çimento üretmiş ve inşa edilen bir fenerde bu çimentoyu kullanmıştır. Bugün kullanılan çimento ise John Aspdin adlı bir İngiliz duvar ustası tarafından bulunmuştur. [1]

Çimentonun bulunması ile kum, çakıl ve su karışımından beton üretilmiş ve bu betonun çekme ve darbe etkilerine karşı dayanıklı olmadığı görülerek içine demir çubukların takviyesiyle "betonarme" olarak adlandırılan kompozit yapı malzemesi elde edilmiştir. Betonarme ile ilgili bugünkü anlamda ilk patent 1855'te Coignet ve 1857'de Monier tarafından alınmıştır [1,2]. Betonarme yapı sistemleri ve bunlarla ilgili hesap yöntemlerinin öncülüğünü yine Fransız mühendis Coignet yapmış ve 19. yy. sonlarına doğru betonarme yapıların inşası yaygınlaşarak devam etmiştir. [3,4,5]

Betonarme, kendisini oluşturan malzemelerin giderek kalitesinin artmasına paralel olarak gelişmiş ve bugün geleneksel imalatlarda yaygın olarak kullanılan bir yapı malzemesi haline gelmiştir. Ancak artan ihtiyaçlara paralel olarak, beton dayanım ve dayanıklılığını artıran bazı katkı maddelerinin beton bileşiminde kullanılmaya başlamasıyla bugün "yüksek dayanımlı beton" diye tanımlanan ve dayanımı 100 MPa'yı dahi geçebilen betonlar kolaylıkla üretilebilmekte ve kalıplarına yerleştirilebilmektedir. Yüksek dayanımlı beton yeni bir malzeme olarak düşünülmesine rağmen gelişimi uzun yıllar almıştır. Yüksek dayanımlı betonun gelişimine paralel olarak tanımı da sürekli biçimde değişmiştir. 1950'li yıllarda standart silindir numunelerin (d=150, h=300 mm) karakteristik basınç dayanımı 34 MPa'nın üstünde olan betonlar yüksek dayanımlı olarak tanımlanmaktaydı. 60'lı yıllarda A.B.D.'de dayanımı 41 ila 52 MPa arası değişen yüksek dayanımlı betonlar üretilmiştir. Takip eden 10 yıl içinde de basınç dayanım değeri 60 MPa civarına çekilebilmiştir. Bunlardan sonra 80 ve 100 MPa dayanım değerlerine ulaşılmış olup bu rakam günümüzde 250 MPa'ya, bazı özel uygulamalar için çok daha yüksek değerlere çıkarılabilmiştir. Dayanıma ek olarak dayanıklılık parametresi de yüksek dayanımlı beton tanımı gereği sağlanması gereken bir parametre olmaktadır [6,7,8,9].

Yüksek dayanımlı beton tanımı ülkemizde bugün için 28 günlük beton numunelerin karakteristik standart silindir basınç dayanımı 50 MPa'dan daha yüksek olan betonlar için kullanılmaktadır. Her ülkenin ilgili şartnamelerinde mevcut olan basınç dayanım sınırının üzerindeki betonlar "yüksek dayanımlı beton" olarak tanımlanmaktadır. Örneğin CEB/FIB [10] en düşük 60MPa, en yüksek 130 MPa silindir basınç dayanımını öngörmektedir. TS 500'e göre ise [11] 50 MPa'nın üstündeki dayanım sınıfları yüksek dayanımlı olarak tanımlanmaktadır. ACI [12] yapı şartnamesinde ise 41 MPa geleneksel beton için dayanım üst sınırı olarak verilmektedir.

Burada betonarmeye ilişkin bugün yürürlükte olan yönetmeliklerdeki projelendirme kriterleri, maksimum basınç dayanımı yaklaşık 50 MPa'ya kadar olan betonlardan elde edilen deney sonuçlarına bağlı olarak belirlenmektedir. Bu nedenle basınç dayanımı 50 MPa'yı geçen bütün betonlar yüksek dayanımlı beton olarak düşünülerek, projelendirmede kullanılan geleneksel beton için önerilen kriterlerin yüksek dayanımlı betona uygulanmasında geçerliliklerinin incelenmesinin gerektiğini belirtmek uygun olmaktadır [13,14,15]. Yüksek dayanımlı betonun yük altındaki davranışı geleneksel betonlara göre daha gevrektir. Bu nedenle de geleneksel betonlar için elde edilen bağıntıların betonarme yapı elemanlarında geçerli olup olmayacağı tartışma konusudur. Gerçekten de betonlar üzerinde gerçekleştirilen çalışmalar, dayanım arttıkça gerilme şekildeğiştirme eğrisinin önemli derecede değiştiğini göstermiştir [16]. Örneğin geleneksel betonlarda gerilme-şekildeğiştirme eğrisinin yükselen kolu dayanımın %40'ına kadar çıkabilirken, yüksek dayanımlı betonlarda yükselen kolun doğrusallığı dayanımın %80-90'ına kadar ulaşabilmektedir. Yine, beton dayanımındaki artışla beraber gerilme-şekil değiştirme eğrisinin alçalan kolunun eğimi de artmaktadır. Geleneksel betonun maksimum basınç dayanımına karşılık gelen birim kısalma değeri genellikle 0.002 civarındayken yüksek dayanımlı betonlarda bu değer 0.003 civarında olabilmektedir [16]. Bu nedenle geleneksel betona göre daha gevrek davranış gösteren yüksek dayanımlı betonla üretilmiş betonarme yapı elemanlarının sünekliklerini artırabilmek için birçok yöntem kullanılmıştır. Bu konuda günümüzde sıkça uygulanan ve en bilinen yollardan birisi betonda çeşitli malzemelerden yapılmış lif kullanımıdır. Lifler birçok malzemeden elde edilebilmekte olup bunlar genelde metal olmayan ya da metal lifler şeklinde iki ana gruba ayrılmaktadır. Metal olmayan liflere örnek olarak organik, cam, karbon, seramik lifler verilebilir. Ancak lifler içinde günümüzde en çok kullanılanlar çelik liflerdir. Yapılan araştırmalar, beton üretiminde çelik lif katkısının özellikle eğilme etkisindeki elemanlarda sünekliği önemli derecede artırdığını ortaya koymaktadır [17,18,19,20].

Yüksek dayanımlı betonarme döşeme davranışlarının araştırılması için gerçekleştirilen bu çalışma kapsamında, yüksek dayanımlı, geleneksel, çelik lifli yüksek dayanımlı ve çelik lifli geleneksel beton döşemeler üretilmiştir. Üretilen deney numuneleri üzerinde mesnetlenme koşulları değiştirilerek tekil yükleme altında eğilme deneyleri gerçekleştirilerek, döşeme davranışları incelenmiştir. Döşemelerin farklı mesnet koşulları altında kırılma şekilleri de incelenerek geleneksel betonlar için betonarmenin gerçek davranışını dikkate alan plastik mafsal çizgileri teorisinin, yüksek dayanımlı ve çelik lif katkılı yüksek dayanımlı betonarme döşemeler için de geçerli olup olmayacağı araştırılmıştır. Bu nedenle çalışmanın bu kısmında çelik liflerin özellikleri, çelik lif katkılı betonların üretimi ve davranışları, betonarme döşeme ve davranışları verilerek, betonarmenin davranışını daha iyi yansıtan yöntemlerden biri olan plastik mafsal çizgileri üzerinde durularak çalışmanın konusu ile ilgili daha önce yapılan bazı araştırmalar özetlenmektedir.

1.2. Lif Katkılı Betonlar

Günümüzden 4500 yıl öncesine kadar uzanan bir yapım yöntemi olan lif kullanımının bilinen en eski uygulamalarından biri kil hamuru ile birlikte saman ve benzeri liflerin karışımı ile elde edilen kerpiç malzemesidir. Bunun yanında sıva uygulamalarında keten ve kenevir lifleri ile bazı hayvan kıllarının da kullanıldığı bilinmektedir [21]. Yurdumuzdaki bazı eski eserlerde de Horasan Harcı olarak bilinen uygulamada lif kullanımına rastlanmaktadır. Bunlar yapıda kullanılan elemanların güçlendirilmesi amacına yönelik uygulamalardır. Çimento, su ve asbest karışımından oluşan lif takviyeli beton ilk defa Avusturya'da L. Hatschek tarafından 1901 yılında uygulanmıştır. Daha sonraları asbest liflerinin insan sağlığına zararlı etkilerinin ortaya çıkmasıyla 1960'lı ve 1970'li yıllarda asbeste alternatif bazı lif çeşitleri piyasaya sürülmüştür. Bağımsız Devletler Topluluğu (Rusya'da) 1950'lerin sonlarından itibaren, İngiltere'de de 1966'dan itibaren betonda kullanılacak cam liflerinin özelliklerinin iyileştirilmesi üzerinde çalışmalar gerçekleştirilmiştir. Alkali ortama dayanabilen cam lifler, propilen, naylon gibi sentetik lifler ile karbon liflerin uygulanabilirliği konusunda çalışmalar gerçekleştirilmiş, ancak bunların üretimi maliyetin yüksek oluşu nedeniyle cam lifler kadar yaygınlaşamamıştır. [22,23]. Ancak 1960'lı yılların başlarında Amerika'da çelik liflerin donatı olarak kullanımına başlanmıştır [24] Çelik lifler, günümüzde betonda kullanılan lif türleri içinde en çok kullanılan yapı malzemesidir. Ancak bir lif türünün diğerlerine karşı mutlak üstünlüğünden bahsetmek söz konusu değildir. Birçok lif türü mevcut olup bunların üstünlükleri kullanılış amaçları ile ilgili olmaktadır.

Çimento, agrega ve su karışımı olarak bilinen betonda oluşan büzülme (rötre) çatlaklarının nedeninin beton prizi esnasında oluşacak içsel gerilmelerin karşılanamaması olduğu bilinmektedir. Yapılan araştırmalara göre bu çatlaklar, betonun küründe alınan bazı önlemlerle kılcal düzeyde kalmalarına rağmen, yük altında ortaya çıkıp genişlemektedirler. Çelik lifler bu çatlakları azaltıp dayanımı artırmaktadır. Çeşitli amaçlarla beton ve/ya da betonarme elemanlarda kullanılan çelik liflerin geometrik özellikleri, imalat şekli ve kullanılış amacına göre farklı farklı olabilmektedir. 70'li yıllarda yalnızca düz çelik lifler kullanılırken sonraları uçları kıvrık, çengelli ve özel şekilli çelik liflerin kullanımı ve üretimi de giderek yaygınlaşmıştır. Çelik lifli betonları daha ekonomik hale getirmek için yarım daire, dikdörtgen ve simetrik olmayan geometrilerde de lifler üretilmiş olmasına rağmen betonda istenen iyileşmeyi sağlayan lif türlerinin düz çelik lifler ve uçları çengelli çelik lifler olduğu belirtilmektedir.

Beton bileşiminde kullanılan çelik lifler, genellikle soğuk çekilmiş düşük karbonlu çelik olan C1008'den üretilmektedir. Çelik liflerin elastik limitleri %0.2'nin altındadır. Lifli beton üretiminde kullanılan çelik liflerin çapları genellikle 0.13-1.0 mm arasında olup, görünüm oranı adı verilen uzunluk/çap oranları ise 30-150 arasında değişmektedir. Lif boyları 13 mm'den 70 mm'ye kadar olan çelik lifler üretilmektedir. [25]

Betonun mekanik özelliklerini iyileştirmek amacıyla taze beton içine çeşitli yöntemlerle ve çeşitli miktarlarda eklenen çelik lifler değişik boyutlarda ve kesitlerde üretilmektedir. Bunlar, soğukta çekilmiş tellerin kesilmesi yöntemi, çelik plakların kesilmesi yöntemi, sıcak çekme yöntemi, çelik tellerin öğütülmesi yöntemidir. [24]. Çelik tellerin biçim ve üretim yöntemleri Tablo 1'de verilmektedir.

Tablo 1. Farklı çelik lif tipleri ve üretim şekilleri [26].

Biçim	Üretim Şekli
	Haddeleme Haddeleme
	Kesme
	Haddeleme
	Haddeleme
	Yumuşatma
	Öğütme
	Haddeleme
	Haddeleme
	Kesme İnceltme

1.3. Çelik Lifli Betonların Üretimi ve Davranışları

Çelik lifli beton üretirken uyulması gereken kuralların, beton lif olmadan üretilirken uyulması gereken kurallarla aynı olduğu birçok kaynakta belirtilmektedir. Kullanılacak olan lif tipi ve miktarlarına, bu betonun yapıda kullanılacağı amaç ve yere göre karar vermek gerekmektedir. Lif tipi, boyutu ve görünüm oranı (boy/çap) betonun maruz kalacağı etkiler dikkate alınarak seçilmelidir. Teorik olarak betonda, liflerin görünüm oranı ve miktarı arttıkça, darbe sönümleme, tokluk ve süneklik gibi özelliklerinin olumlu etkilendiği düşünülse de, lif miktarı standartlarca sınırlandırılmıştır. Bu sınırlandırmaların nedenleri arasında artan miktarlarda lif kullanımı ile liflerin karışımda homojen biçimde yer almayıp topaklanmaları, karıştırma sırasında eğilmeleri ve deforme olmaları sayılabilir. Lifli betonlarla ilgili yapılan çalışmalarda liflerin beton karışımına katılma oranı hacimsel olarak %0.5-2.5 arasında sınırlandırılmaktadır. Çelik lifli betonlarda karışım hazırlanması esnasında oluşabilecek problemleri önlemek için TS 10514 [27]'e göre aşağıdaki önlemlerin alınması öngörülmektedir.

- Homojen bir beton karışımı elde etmek için lifsiz betonlarda dikkat edilmesi gereken yürürlükteki ilgili standartlarda belirtilen kurallara uyulmalıdır. (TS 1247 [28])
- İşlenebilirliği artırmak için akışkanlaştırıcı katkı maddeleri kullanılmalıdır.
- Çelik lifli betonlarda karılmayı kolaylaştırmak ve gerektiğinde lif içeriğini artırabilmek için karışımda ince agrega miktarı fazla olmalıdır.
- Taze betonda homojen lif dağılımı gözle kontrol edilmelidir. Birbirine yapışık lif demetleri tek tek ayrılana kadar karıştırma işlemi devam ettirilip mümkün olduğunca üniform bir dağılım sağlanmaya çalışılmalıdır.
- Kritik çelik tel miktarı aşılmamalıdır.
- Betonun nakli transmikserle yapıldığında transmikserin dönüş hızı geleneksel betondaki dönüş hızına göre azaltılmalıdır.
- Çimento miktarı en az 320 kg/m^3 ve kum (0-4 mm), toplam agrega miktarının ağırlıkça %40-45'i olmalıdır.
- Agrega maksimum tane boyutu kırma taş için 32 mm olmalı, 14 mm'den büyük agrega oranı en fazla %15-20 civarında olmalıdır.

Ayrıca betonda kullanılacak çelik lifler TS 10513 [29]'a göre;

- Yüzeyleri kir, pas ve yağdan arınmış olmalıdır
- Minimum çekme dayanımları 310 MPa olmalıdır
- 16 °C'lik bir ortamda 3.18 mm çaplı silindir çevresinde 90° kırılmadan kıvrılabilecek kadar esnek olmalıdır.

Beton üretiminde çelik lif kullanımı betonun şekildeğiştirme kapasitesini artırmaktadır (Şekil 1). Diğer bir deyişle lifsiz betonların lifli betonlara göre daha az sünek davrandığını göstermektedir.

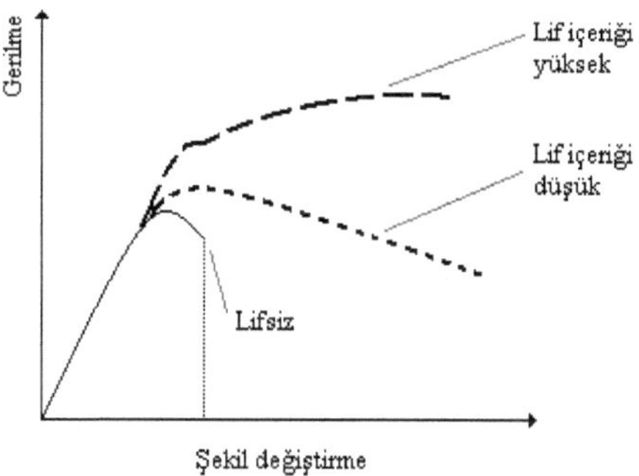

Şekil 1. Lifli betonlarda gerilme – şekil değiştirme diyagramı

Lif kullanımı ile birlikte betonun tokluğu önemli oranda artmaktadır. Tokluğa ek olarak, lif kullanımıyla çarpma dayanımı, ilk çatlak dayanımı, eğilmede çekme dayanımı, çekme dayanımı, yorulma dayanımı, şekildeğiştirme kapasitesi, basınç dayanımı, elastisite modülü yükselmektedir. Direkt çekme dayanımının belirlenmesi konusunda hiçbir standart deney mevcut olmayıp bu etki genellikle eğilmede çekme, yarmada çekme gibi dolaylı yollarla araştırılmaktadır. Direkt çekmeye maruz lifli beton numuneler, lifsiz olanlara oranla %20-25 daha fazla dayanım değerlerine ulaşabilmektedir. Çelik liflerin yönleri, yapı elemanının çekmedeki taşıma kapasitesini önemli ölçüde etkilemektedir. Çekme deneyleri sonucunda yükle aynı yönde uzanan çelik liflerde kopma görülmemektedir [30]. Bu duruma bir örnek, K.T.Ü. Yapı ve Malzeme laboratuarında gerçekleştirilen bir çalışmaya ait deney numunesinden de görülmektedir, Şekil 2.

Şekil 2. Yarma deneyine tabi tutulmuş bir lifli silindir beton numuneden görünüm

Geleneksel betonda gerilme-şekildeğiştirme eğrisinin alçalan kolu oldukça kısa olup, bu kol lif içeriğine bağlı olarak uzamaktadır. Çelik lif dayanımının betonun dayanımından yüksek olması nedeniyle, beton dayanımını kaybettikten sonra çelik liflerin devreye girmesiyle maksimum yük değerini bir miktar daha artırmaktadır. Maksimum yükten sonra lifli betonlarda artan şekildeğiştirme sonucunda yükün azalma hızı, normal betonlara göre, çok daha yavaş olmaktadır Bu hız 3–4 mm şekildeğiştirmeye kadar maksimum yükün %70-80'i arasındadır [23,25].

Çelik lifler betonun eğilme etkisindeki davranışına da olumlu katkıda bulunmaktadır. Bu iyileşme, lif oranına ve lif tipine bağlı olarak değişkenlikler gösterebilmektedir. Şekil 3'te 3 farklı lif oranında üretilen çentikli eğilme numunelerine ait yük-sehim eğrileri verilmektedir. Lif oranı arttıkça elemanların taşıma gücü ve enerji yutma kapasiteleri yükselmektedir.

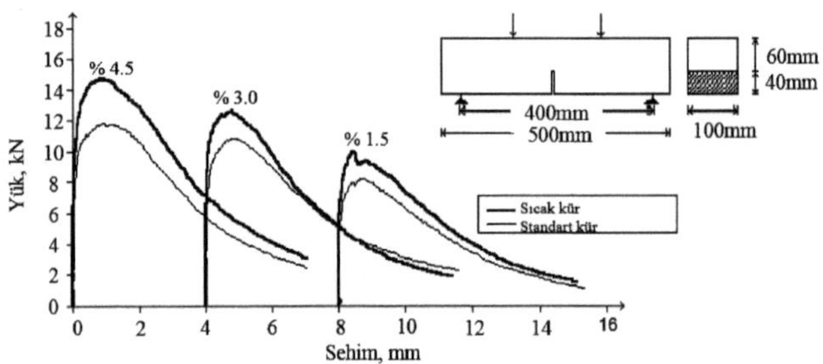

Şekil 3. Yüksek dayanımlı çelik tel donatılı çentikli kiriş numunelerde yük-sehim eğrileri [31].

Erken yaşlarda eğilme etkisinde denenen bazı kiriş numuneler üzerinde, çatlak genişliği ve deplasmanlar azalmış, taşıma gücü ve çekme dayanımları yükselmiştir [32]. Daha önceden de belirtildiği gibi bazı durumlarda çelik lif şahit numunelerin dayanımını azaltmakta ancak kullanım yerine bağlı olarak dayanım artışına da neden olabilmektedir. Altun ve diğ. [33] tarafından yapılan çalışmada ölçülen beton dayanımları azalıyor görünmesine rağmen eğilme etkisindeki betonarme kirişlerin dayanımlarının yüksek çıkması bu duruma bir örnektir. Ayrıca yine bu çalışmada çelik lifli betonun darbe etkisindeki davranışına da değinilmiş olup, mekanik özelliklerde fazla iyileşme kaydedilememesi beton sınıfının düşük oluşuna bağlanarak belirtilmektedir. Çelik lif katkılı betonarme kirişler, basit mesnetli bir sistem hazırlanarak açıklık ortasından patlama yükü uygulanarak kirişlere ağır hasar verdirilmiş ve bu yolla dayanımları ve kesitlerde çatlak gelişimi incelenmiştir. Patlama etkisi sonucunda çelik lifin karışımdaki oranı hacmen arttıkça çatlakların daha az sayıda ve daha düzenli olarak yer aldığı çalışmada belirtilmektedir. Çelik liflerin betonda silis dumanı kullanımı ile eğilme dayanımda artış sağlanmıştır. Bu artış, en büyük değerine 90 günde %30,8 ile ulaşmaktadır [34].

1.3.1. Çelik Lifli Betonların Kullanım Alanları

Çelik lifli betonun oldukça geniş bir uygulama sahası mevcuttur. Tünellerde, tekrarlı yükler gibi dinamik yüke maruz yapı elemanlarında, madencilikte, kuyular açarken, prefabrike yapı elemanlarında, şev stabilizasyonlarında, onarım ve güçlendirmede, hazne duvarlarında, hava alanı iniş pistlerinde, kabuk yapılarda, kıyı boyunca inşa edilen dalga kırıcılarda ve daha birçok yerde kullanılmaktadır. Uygulanması donatı ile beraber ya da donatısız olarak yapılabilmektedir. Donatısız uygulamalar özellikle kaplama betonlarında tercih edilmektedir. Çelik lif, beton kaplamalı su kanallarında da kullanılabilmektedir. Islak örtü altı (su iletiminin yapıldığı yüzeyin altında) çelik lif uygulamalarında, cam lifli betona göre %7 oranında yüksek dayanım sağlamaktadır. Ayrıca kür amacıyla ölçülen su işleme derinliği parametresi, cam lifli betona göre %7 oranında fazla olup, kür açısından avantajlı bir durum oluşturmaktadır [35].

Çelik lifler, betonda en çok kullanılan katkı maddelerinden biridir. Kaynaklarda bir çok kullanım oranları önerilmektedir. Bu oranlar, %0.33 ilâ %5 arasında değişmektedir. [36-37]. Burulmaya maruz yapı elemanlarında çelik lif takviyesi olumlu sonuçlar vermektedir. Çelik lif kullanımıyla çatlak sayısı artmakta ancak çatlak genişlikleri azalmaktadır. Betonarme elemanlarda çatlak kontrolünde kullanılabileceği fikrini doğurmaktadır. Lif kullanımı, burulmaya maruz yapı elemanlarında sünekliği artırmaktadır [38]. Kompozit döşeme sistemlerinde de lif kullanımının faydalı etkileri vardır. Döşemelerde farklı uzunluklarda çelik lifler kullanıldığında lif uzunluğu arttıkça taşıma gücünde de artışlar görülmektedir. Ayrıca lif kullanımı ilk çatlak dayanımını artırmakta, sehimleri düşürmektedir [39].

1.4. Betonarme Döşemelerin Davranışı

Yüksek dayanımlı betonarme döşeme davranışlarının araştırılması için gerçekleştirilen çalışmanın bu bölümünde, genel anlamda plak adı verilen taşıyıcı elemanın türlerine, nasıl sınıflandırıldığına kısaca değinildikten sonra betonarme plakların davranışları verilmektedir.

Plakların geometrik özellikleri, kendisini iki eşit parçaya bölen ve yüzeylere paralel olan orta düzleme göre tanımlanmaktadır. Plağın çalışma şekli, etkiyen yüklerin orta düzleme dik olup olmamasına bağlıdır. Yüklerin, orta düzleme dik olması, plağın eğilmeye çalıştığı anlamına gelmektedir.

Eğilme etkisindeki plaklarda, plak kalınlığı, diğer iki boyutuna göre daha önemli olmaktadır. Plaklar, kısa kenar açıklık/kalınlık oranına göre ince ve kalın plaklar olarak iki kısımda ele alınmaktadır. Plakların eğilme teorisine göre aşağıdaki kabuller yapılmakta ve işlemler bu kabullere bağlı olarak sürdürülmektedir.

İnce plaklar, uygulamada yaygın olarak kullanılan, dolayısıyla da hesap ve boyutlandırılmaları hakkında literatürde oldukça fazla bilgi bulunan plak türüdür. Özel uygulamalar dışında birçok betonarme döşeme bu sınıfa girmektedir. Bu plaklarda aşağıda verilen kabuller yapılmaktadır.

- Orta düzlemin sehimi, plak kalınlığına göre küçük olmalıdır.
- Orta düzlemde eğilme nedeniyle herhangi bir birim şekildeğiştirme oluşmadığı kabul edilir.
- Eğilmeden önce orta düzleme dik olan bir kesit, eğilmeden sonra da orta düzleme diktir. Kayma birim şekildeğiştirmelerinin düşey bileşenleri $(\gamma_{xz}, \gamma_{yz})$ ihmal edilmektedir ve bu ihmal neticesinde plak sehimleri ile eğilme nedeniyle oluşan birim şekildeğiştirme ilişkilendirilebilmektedir.
- Orta düzleme dik olarak yer alan dik gerilme ve şekildeğiştirme bileşenleri (σ_z ve ε_z) ihmal edilmektedir. Ancak bu kabul, yüksek değerlerdeki tekil yüklemeler civarında güvenilir değildir [40].

Bir plağa etkiyen kuvvet ve bu kuvvete bağlı olarak plakta oluşan iç kuvvetler Şekil 4'te verilmektedir.

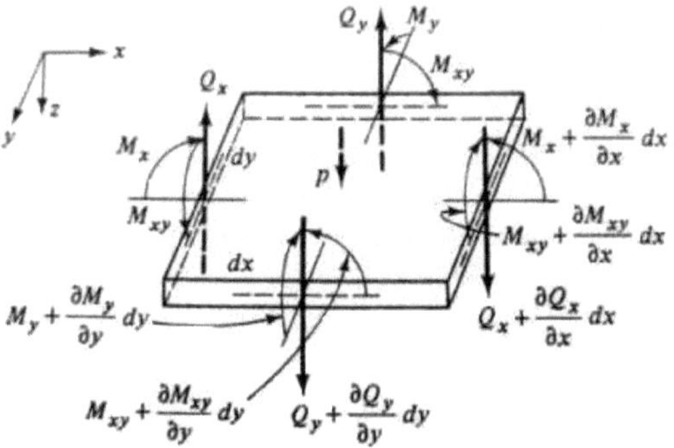

Şekil 4. İnce plak elemandaki kesme kuvvetleri ve momentler [40].

$$p + \frac{\partial Q_x}{\partial x} + \frac{\partial Q_y}{\partial y} = 0 \tag{1}$$

şeklinde elde edilmektedir. Aynı şekilde sırasıyla x ve y eksenleri etrafında momentler alınarak,

$$\frac{\partial M_{xy}}{\partial y} + \frac{\partial M_y}{\partial y} - Q_y = 0 \tag{2}$$

$$\frac{\partial M_x}{\partial x} + \frac{\partial M_{yx}}{\partial y} - Q_x = 0 \tag{3}$$

bağıntıları elde edilmektedir. Bu bağıntılardan (2) nolu bağıntının y'ye ve (3) nolu bağıntının da x'e göre kısmi türevi alınıp bu işlemler (1) denklemine uygulandığında plak denge denklemi,

$$\frac{\partial^2 M_x}{\partial x^2} + 2\frac{\partial^2 M_{xy}}{\partial x \partial y} + \frac{\partial^2 M_y}{\partial y^2} = -p \tag{4}$$

olarak elde edilmektedir. Bu denklem malzemeden bağımsız statik bir denge denklemidir. Yukarıda verilen denklemlerde toplam 5 bilinmeyen mevcut olup çözümün belirlenebilmesi için 2 denkleme daha ihtiyaç vardır. $w(x, y)$ plak sehimlerine bağlı olarak yerdeğiştirmeler,

$$u = -z\frac{\partial w}{\partial x} \tag{5}$$

$$v = -z\frac{\partial w}{\partial y} \tag{6}$$

şeklindedir. Buradan da x ve y doğrultularındaki birim şekildeğiştirmeler,

$$\varepsilon_x = \frac{\partial u}{\partial x} = -z\frac{\partial^2 w}{\partial x^2} \qquad (7)$$

$$\varepsilon_y = \frac{\partial v}{\partial x} = -z\frac{\partial^2 w}{\partial x^2} \qquad (8)$$

şeklinde belirlenmektedir. Gerilme-şekildeğiştirme ilişkilerinden ve Hooke kanunundan faydalanarak σ_x, σ_y ve τ_{xy} gerilmeleri,

$$\sigma_x = \frac{E}{1-\nu^2}(\varepsilon_x + \nu\varepsilon_y) = -\frac{Ez}{1-\nu^2}\left(\frac{\partial^2 w}{\partial x^2} + \nu\frac{\partial^2 w}{\partial y^2}\right) \qquad (9)$$

$$\sigma_y = \frac{E}{1-\nu^2}(\varepsilon_y + \nu\varepsilon_x) = -\frac{Ez}{1-\nu^2}\left(\frac{\partial^2 w}{\partial y^2} + \nu\frac{\partial^2 w}{\partial x^2}\right) \qquad (10)$$

$$\tau_{xy} = G\left(\frac{\partial u}{\partial y} + \frac{\partial v}{\partial x}\right) = -2Gz\frac{\partial^2 w}{\partial x \partial y} \qquad (11)$$

olarak elde edilmektedir. Bu denklemler yardımıyla plakta oluşan momentler,

$$M_x = -D\left(\frac{\partial^2 w}{\partial x^2} + \nu\frac{\partial^2 w}{\partial y^2}\right) \qquad (12)$$

$$M_y = -D\left(\frac{\partial^2 w}{\partial y^2} + \nu\frac{\partial^2 w}{\partial x^2}\right) \qquad (13)$$

$$M_{xy} = M_{yx} = -(1-\nu)D\frac{\partial^2 w}{\partial x \partial y} \qquad (14)$$

şeklinde belirlenmektedir. Kesme kuvvetleri de benzer şekilde,

$$Q_x = -D\frac{\partial}{\partial x}\left(\frac{\partial^2 w}{\partial x} + \frac{\partial^2 w}{\partial y^2}\right) \qquad (15)$$

$$Q_y = -D\frac{\partial}{\partial y}\left(\frac{\partial^2 w}{\partial x} + \frac{\partial^2 w}{\partial y^2}\right) \qquad (16)$$

olmaktadır. Plak denklemi ise,

$$\frac{\partial^4 w}{\partial x^4} + 2\frac{\partial^4 w}{\partial x^2 \partial y^2} + \frac{\partial^4 w}{\partial y^4} \equiv \Delta\Delta w = \frac{p}{D} \qquad (17)$$

olarak bulunabilmektedir. Denklem, 4. dereceden kısmi diferansiyel denklem olup verilen sınır koşulları ve yüke göre çözümlenmektedir. D ile gösterilen ifade plak eğilme rijitliği olup t kalınlığında, ν poisson oranında ve E elastisite modülüne sahip bir plak için ifade (18)'de verilmiştir.

$$D = \frac{Et^3}{12(1-\nu^2)} \tag{18}$$

Diferansiyel denklemin kesin çözümü sınır şartlarının durumuna bağlıdır. Ankastre mesnetli, basit mesnetli ve serbest kenar haricinde elastik mesnet ve kısmi ankastre mesnet gibi özel mesnet türleri de mevcuttur. Bahsedilen bu mesnet türleri için sınır şartları Tablo 2'de verilmektedir. Kısmi ankastre mesnet için kullanılan ψ ifadesi, mesnetteki dönme açısını ifade etmektedir. Kısmi ankastre mesnette çökmenin olmadığı ancak bir miktar elastik olarak dönme yapabildiği kabul edilmektedir.

Tablo 2. Bazı sınır şartları ve matematiksel ifadeleri [41].

Mesnet türü	Matematiksel ifadeler
Basit mesnet	$(w)_{x=a} = 0$; $(M_x)_{x=a} = \left(\frac{\partial^2 w}{\partial x^2} + \nu \frac{\partial^2 w}{\partial y^2}\right)_{x=a} = 0$
Ankastre mesnet	$(w)_{x=a} = 0$; $\left(\frac{\partial w}{\partial x}\right)_{x=a} = 0$
Kısmi ankastre mesnet	$(w)_{x=a} = 0$; $\left(\frac{\partial w}{\partial x}\right)_{x=a} = (p^{\psi})^{-1} D \left(\frac{\partial^2 w}{\partial x^2} + \nu \frac{\partial^2 w}{\partial y^2}\right)_{x=a}$
Elastik mesnet	$(M_x)_{x=a} = \left(\frac{\partial^2 w}{\partial x^2} + \nu \frac{\partial^2 w}{\partial y^2}\right)_{x=a} = 0$; $(w)_{x=a} = p^{-1} D \left[\frac{\partial^3 w}{\partial x^3} + (2-\nu) \frac{\partial^3 w}{\partial x \partial y^2}\right]_{x=a}$

Plak sehimlerinin büyük olması durumunda ($w>h$) plağın davranışı değişmekte, klasik plak teorisi ile hesap mümkün olamamaktadır. Büyük sehimler nedeniyle, plağın orta düzlemi sıkışmakta, bunun bir sonucu olarak düzlemsel çekme gerilmeleri oluşmakta, bu bölge giderek daha rijit bir karaktere sahip olup yük kapasitesini oldukça artırmaktadır. Plaklarda kullanılan klasik formüller, akma oluşana kadar geçerli olmakta, akma başlangıcından sonraki plak davranışı büyük sehimler teorisi (large deflection theory) ile daha iyi idealize edilebilmektedir [40]. Sehimlerin büyük olması durumunda kullanılan plak denklemi,

$$\frac{\partial^4 w}{\partial x^4}+2\frac{\partial^4 w}{\partial x^2 \partial y^2}+\frac{\partial^4 w}{\partial y^4}=\frac{t}{D}\left[\frac{p}{t}+\frac{\partial^2 \phi}{\partial y^2}\frac{\partial^2 w}{\partial x^2}+\frac{\partial^2 \phi}{\partial x^2}\frac{\partial^2 w}{\partial y^2}-2\frac{\partial^2 \phi}{\partial x \partial y}\frac{\partial^2 w}{\partial x \partial y}\right] \tag{19}$$

bağıntısıyla verilmektedir.

Plaklar, kalınlığı diğer 2 boyutuna göre küçük olan düzlemsel taşıyıcı elemanlar olarak tanımlanmaktadır. Plaklar, diğer bir açıdan, kalınlıklarına göre kalın, orta kalın ve ince plaklar olarak 3 sınıfta da ele alınabilmektedir. Betonarme döşemeler, orta kalın plak sınıfında değerlendirilip buna göre boyutlandırılmaktadır. İnce plaklar ise mambranlardır. Kalın plaklarda yükün bir kısmı düz kemer (flat arch) gibi aktarılır. Bu tip plaklarda düzlemsel basınç kuvvetleri daha baskındır. Plağın basınç direnme kuvveti çekme direnme kuvvetinden daha büyük olmaktadır. Orta kalınlıktaki plaklarda sözkonusu bu iki kuvvet eşit olup ince plak ya da mambran (zar)'larda ise orta düzleme paralel doğrultuda yük taşıma özelliği baskın olup çekme direnme kuvveti basınç direnme kuvvetinden daha fazladır [40,41].

Birçok kaynakta [40,41,42] orta kalın plak tanımı kullanılmayıp plaklar direkt olarak kalın ve ince plak olarak değerlendirilmektedir. Bu çalışmada da mambranlar çalışmanın kapsamı arasında yer almadığı için plaklar, ince ve kalın olarak iki sınıfta ele alınmaktadır.

Kalın plaklar kısa kenar/ kalınlık oranının 1/20'den fazla olduğu plak türüdür. Kalın plaklar, üç boyutlu sürekli ortam kabulüne yakın elemanlar olduğundan ince plaklarda ihmal edilmiş olan gerilme ve şekildeğiştirme bileşenleri ($\sigma_z, \gamma_{xz}, \gamma_{yz}$) kalın plaklarda hesaba katılmaktadır. Kalın plaklarla ilgili literatürde oldukça fazla sayıda araştırma mevcut olup en fazla başvurulanlar arasında Reissner, Love ve Mindlin'in çalışmaları sayılabilir. Reissner elastik plaklar üzerinde çalışmış, eğilme etkisindeki elastik plaklarda kayma birim şekildeğiştirmesinin etkisi ile ilgilenmiştir. Love birinci mertebe teorisine uyan ince plakların davranışı ile ilgili denklemleri kalın plaklara uygulamıştır. Mindlin, elastik izotrop plaklarda eğilme hareketine kesme ve dönme etkilerini incelemiştir [40,41,43].

Plaklarda, mesnetleme yapılan kenarlarda, yanal ötelenmeler önlenmişse, özellikle de plak kalınlığının artmasıyla kemerleşme etkisi görülmektedir. Yanal ötelenmesi önlenmiş bir plak Şekil 5'de verilmektedir.

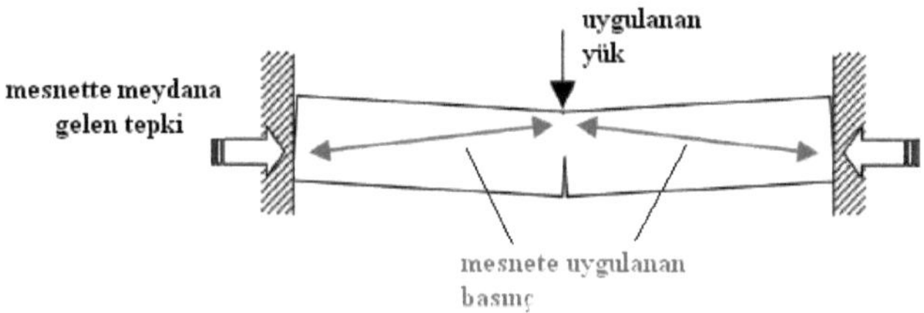

Şekil 5. Kemerleşmenin oluşum mekanizması [44].

Kemerleşme, Şekil 6'dan da görüldüğü gibi, yük-sehim eğrisinin pik noktasının, döşemenin açıklık/kalınlık oranının artmasıyla giderek yükselmekte ve taşıma gücünün daha yumuşak bir geçişle kaybedilmesine neden olmaktadır. Diğer bir deyişle açıklık/kalınlık oranı büyüdükçe şekil giderek bir kemere benzemektedir. Söz konusu etki, kalınlık arttıkça plak kenarına olan temas yüzeyinin artması ve betonun basınç ile çekme dayanımı arasındaki farkın yüksek olmasından kaynaklanmaktadır. Kenarlar yanal olarak tutulu değilse ve plak kalınlığı normal değerlerdeyse belirgin bir kemerleşme etkisi oluşmamaktadır. Bu durum Şekil 6'da kesik çizgiyle gösterilmektedir. Bu şekilden de görüldüğü gibi, yanal tutululuk olsa da olmasa da ilk çatlak dayanımı iki durumda da birbirine çok yakın olmaktadır. Plak, A ve B noktaları arasında elastik davranmakta, asıl farklılaşma B noktasından sonra ortaya çıkmaktadır. C ile gösterilen nokta, plağın kemerleşmedeki eğilme dayanımı olup D ise eğilmedeki dayanımına karşılık gelmektedir.

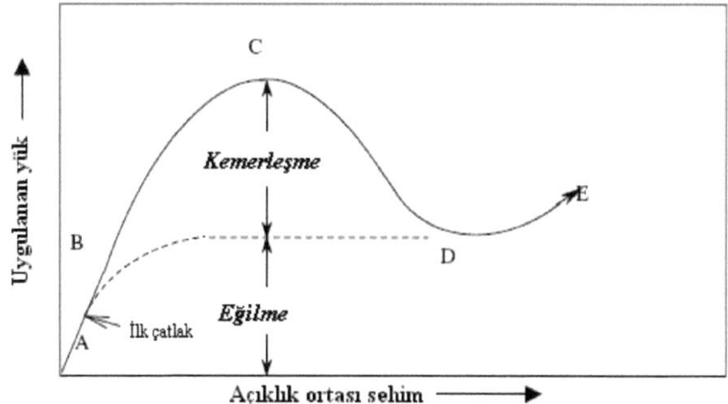

Şekil 6. Kemerleşme etkisi [44].

Bir plak türü olan betonarme döşemeler, geniş ve düz kullanım alanı sağlayan, üzerilerindeki yükü kirişlere, kirişler olmadığı zaman kolonlara aktaran, düzlemsel elemanlardır. Döşemeler düşey yük taşımanın yanı sıra, yatay yükleri bir düşey elemandan diğerine, aktarma görevi de görürler [45]. Betonarme bir döşemenin sabit bir artımla uygulanan yük altındaki davranışı Şekil 7'de görülmektedir.

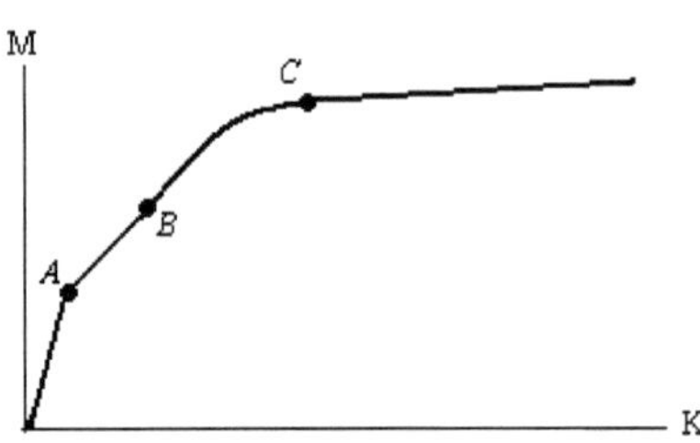

Şekil 7. Betonarme döşemenin yük altındaki davranışı

Şekilde görüldüğü gibi döşeme A noktasına kadar oldukça rijit bir davranış sergilemektedir. A noktasına kadar olan bu bölgeye elastik bölge adı verilmektedir. Bu bölgede şekildeğiştirmeler yük ile orantılıdır. A noktasından sonra döşemede çatlamalar oluşmakta eğrinin eğimi, dolayısı ile döşemenin rijitliği azalmaktadır. B noktasına geldiğinde momentin en büyük olduğu yerdeki donatı akmaya başlar. Döşemenin alt kısmında derin çapraz çatlaklar oluşur. Uygulanan yük ile deformasyonlar arasında orantı kalmamıştır ve eğrilik hızla artmakta, rijitlik ise azalmaktadır. Donatıları akmaya başlayan kesitler artık ek yük taşıma özelliğini kaybettiğinden bunların taşıyamadıkları yükü, betonarmedeki uyum sebebiyle komşu kesitler üstlenmektedir. Bu nedenle çatlaklar döşeme kenarlarına doğru ilerler ve kenarlara ulaşır. Artık C noktasına ulaşılmış ve sistem daha fazla yük almamaktadır. Mekanizma durumuna gelen döşeme, yükte çok küçük bir artım yapıldığında taşıma gücünü kaybetmektedir. Eğilme altındaki davranışı Şekil 7'de verilen bir döşemenin yapısal çözümlemesinde kullanılabilen elastik çözümleme, limit veya plastik çözümleme ve doğrusal olmayan çözümleme olmak üzere 3 adet yöntem mevcuttur.

Elastik çözümlemede betonarmenin zaman ve yük geçmişinden bağımsız doğrusal elastik davranış gösterdiği varsayılmaktadır. Moment-eğrilik (M-K) ilişkisi doğrusal kabul edildiğinden eğilme rijitliği sabittir. Son 50 yıldır yapılan deneysel çalışmalar bu çözümlemenin, yeniden dağılım olayının varlığı nedeniyle betonarme yapılar için başarılı bir şekilde kullanılabileceğini kanıtlamıştır. Zira kırılma anında oluşan moment dağılımı, mesnet ve açıklıktaki kesitlerin taşıma gücüne bağlıdır. Donatılar, doğrusal çözümlemeden elde edilen momentler dikkate alınarak yerleştirilmiş ise, mesnet kesitindeki taşıma gücünün açıklıktakine oranı, doğrusal çözümlemeden elde edilen oranla aynı olacağından, kırılma anındaki moment dağılımı doğrusal çözümlemeden elde edilenle çakışmaktadır [45].

Betonarme kesitlerde çekme donatısının akması ile plastik mafsallar oluşacağı bilinmektedir. Yapıda oluşan plastik mafsallar dikkate alınarak, göçme anına göre yapılan çözüm limit analiz olarak adlandırılmaktadır. Çelik yapılar için geliştirilen ve plastisite teorisine dayanan bu çözümleme, bazı değişikliklerle betonarme yapılara da uygulanmaktadır. Limit analizin geçerli olabilmesi için, plastik mafsal haline gelen kesitlerin çok sünek davranış göstermeleri, diğer bir deyişle taşıma kapasiteleri azalmadan büyük dönme yeteneğine sahip olmaları gerekir. Betonarmede gevrek davranışa yol açan kesme kırılması ve aderans çözülmesine engel olunması gerekmektedir [45].

Döşemeler için limit çözümleme kullanımının oldukça faydalı tarafları mevcuttur. Elastik yöntemlerle hesap yapılması için döşeme panelleri kare, dikdörtgen veya daire gibi düzenli geometride olmalıdır. Tek yönlü çalışan döşemelerde karşılıklı iki taraftan, çift yönlü çalışan döşemelerde ise dört taraftan mesnetleme yapılmalı, kirişsiz döşeme kullanımı durumunda kolonlar planda oldukça düzenli bir şekilde yer almalıdır. Yükler, en azından her bir döşeme panelinde üniform olarak yayılı olmalı, büyük delikler mevcut olmamalıdır. Ancak uygulamadaki döşemelerin birçoğu bu kurallara uymamakta olup bunların kesit etkilerinin elastik çözümleme ile yapılması oldukça zor ve zaman alıcı olmaktadır. Limit çözümlemenin kullanılması da bazı durumlarda zorluklarla karşılaşılmasına engel olamamaktadır. Örneğin oldukça uzun ve birçok açıklığa sahip bir betonarme mütemadi kirişin limit çözümlemesi oldukça zor olabilmektedir. Bunun sebebi, oluşacak muhtemel göçme mekanizmalarının araştırılması, göçme mekanizmasını oluşturan her plastik mafsaldaki dönme miktarının hesaplanması ve bu plastik mafsalların dönme kapasitelerinin kontrollerinin yapılarak mafsalların etki karşısında yeterli olup olmadığının tartışılmasının gerekmesidir. Böyle durumlarda işi kolaylaştıran şey, plastik moment yeniden dağılımını göz önüne alan oldukça basitleştirilmiş yaklaşımların mevcut olmasıdır. Örneğin döşemelerde tipik olarak çekme donatısı oranı dengeli donatı oranından az olduğu için, döşemeler yüksek oranda dönme yapabilme kapasite sahiptir. Bu yüzden döşemeler plastik analiz için uygun olmakta ve pratik yöntemler döşemeler için kullanılabilir olmaktadır. Bu yöntemlerden birisi plastik mafsal çizgileri yöntemidir.

Orantısız çözümleme, limit çözümlemenin gerçek betonarme davranışına göre değiştirilmiş biçimidir. Orantısız çözümleme ile limit (sınır durum) çözümlemesi arasındaki temel fark moment-eğrilik ilişkisinin elasto-plastik varsayılması yerine, gerçek moment-eğrilik ilişkilerinin kullanılmasıdır. Bu çözümleme, yukarıda verilen üç çözümlemeden en gerçekçi olanıdır. Buna rağmen diğerlerine göre oldukça karmaşık ve zaman alıcıdır.

Bilindiği gibi bugün yapısal çözümleme genellikle "doğrusal çözümleme" ile yapılmaktadır. Ancak yapıyı taşıma gücü sınır durumuna götüren etkiler altında limit çözümlemeye göre kontrol yapmak yararlı olmaktadır. Bu çözümlemede donatının aktığı yerlerde plastik mafsal oluştuğu varsayılır. Bilindiği gibi plastik mafsallarda eğrilik (birim dönme), sabit moment altında sürekli artar. Bu nedenle, plastik mafsal oluşabilmesi için, yapıda kullanılan malzemenin moment eğrilik ilişkisi Şekil 8'de gösterildiği gibi elasto-plastik olmalıdır.

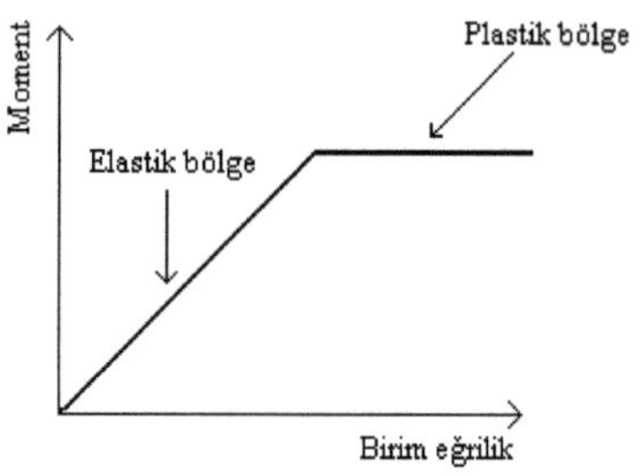

Şekil 8. Moment-eğrilik ilişkisi

Çekme donatısının akması ve büyük şekildeğiştirmelerden sonra basınç bölgesindeki betonun ezilmesi ile kırılma konumuna ulaşan denge altı betonarme kirişler buna benzer bir davranış gösterirler. Diğer bir deyişle, kirişlerin moment-eğrilik ilişkisinin elasto-plastik olduğu varsayılabilir. Şekil 9'da görüldüğü gibi gerçek moment-eğrilik ilişkisi ile elasto-plastik varsayım arasında çok büyük farklılık olmadığından elasto-plastik varsayımın getireceği hata ihmal edilebilecek kadar az olmaktadır.

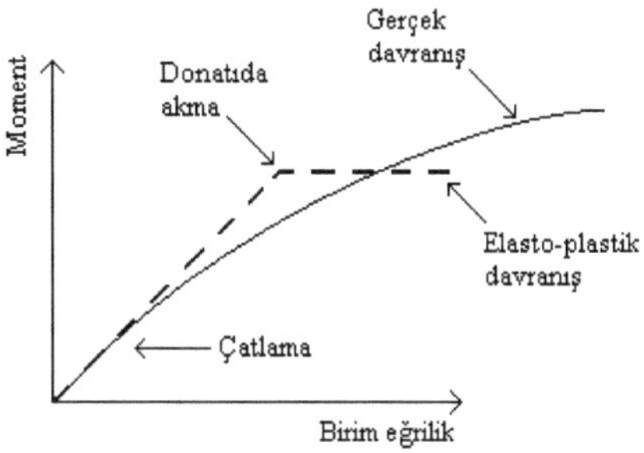

Şekil 9. Gerçek ve elasto-plastik varsayımla elde edilen M-K ilişkisi

1.5. Plastik Mafsal Çizgileri Yöntemi

Plastik mafsal çizgileri yapılardaki betonarme döşemeler haricinde endüstriyel amaçlarla boyutlandırılan eğimli döşemelerde, tekrarlı tekil yüklere maruz endüstriyel döşemelerde, ard-germeli kirişsiz döşemelerde, direkt olarak zemine oturan döşemelerde, betonarme köprülerde, korugan adı verilen askeri yapılarda, civatalı birleşimlere oturtulan çelik plaklarda ve yığma duvar tasarımı gibi birçok yerde kullanılabilen bir yöntemdir. Yanal yüke maruz yığma duvarlarda plastik mafsal çizgileri yönteminin kullanımı yığma duvar gevrek ve homojen olmayan yapıda olmayan bir yapı elemanı olmasına rağmen yönetmeliklerce kullanılabileceği belirtilmektedir [46]. Özellikle yeraltında yapılan askeri koruganlar, boşluksuz döşemelerin birleşimi gibi olup tasarımları plastik mafsal çizgileri yöntemine göre yapılabilmektedir. Yerinde döküm betonla yapılan betonarme köprülerde, köprüler kısa açıklıklı olduğunda plastik mafsal çizgileri yöntemi ile yapılan kırılma yükü tahminleri geçerli sonuçlar vermektedir [47].

Betonarme döşemelerin artan yükler altındaki davranışı, daha önce de belirtildiği gibi, zımbalama göçmesinin olmayacağı kabulüyle elastik, çatlama, plastikleşme ve göçme aşamalarından meydana gelmektedir. Elastik aşamada eğilme momentinin dağılımı elastik dağılıma karşılık gelmektedir. Çatlama aşamasında betonun çatlamasıyla çatlamış kesitin eylemsizlik momenti giderek azalmakta ve bu azalma eğilme momentlerinin dağılımının değişmesine neden olmaktadır. Çatlamış kesitteki momentler daha hızlı artmakta ancak donatıdaki gerilmeler akma gerilmelerinden küçük kaldığı sürece çatlak açıklıkları sınırlı kalmaktadır. Plastik aşamada donatılar, yük artmaya devam ettikçe momentin büyük olduğu bölgede giderek akma dayanımına ulaşırlar ve bu kesitler şekil değiştirmeye devam eder. Ancak bu kesitlerdeki momentlerin artışı artık ihmal edilecek kadar küçük olmaktadır. Bu durumda kesitlerde momentlerin yeniden dağılımları bir önceki aşamaya göre büyük değerlere ulaşır. Donatılardaki akma en fazla açılan çatlakların yoğunlaştığı dar bir şerit boyunca yayılır. Bu şeritlere "plastik mafsal çizgileri" adı verilmektedir. Göçme aşamasında plakta oluşan plastik mafsal çizgileri belli bir gelişme safhasına ulaşınca plak mekanizma durumuna gelmektedir. Diğer bir deyişle, yükün küçük bir artımına karşı plak kararsız denge konumuna gelir ve plastik mafsal çizgisi etrafında dönerek şekil değiştirmeye devam eder. Bu aşama sonunda tüm plastik mafsal çizgisi boyunca beton ezildiğinden plak, taşıma kapasitesini kaybederek göçmektedir.

Plastik mafsal çizgileri yöntemi, plastikleşme aşamasında oluşan mafsal çizgilerini dikkate alan ve böylece plağın yapısal çözümlemesinde kullanılan bir yöntemdir. Bu yöntem, ilk olarak Inglersev [48] tarafından sunulmuştur. Johansen [49] tarafından geliştirilmiştir.

Plastik mafsal çizgileri yöntemi ile çözümleme yapılırken çoğu zaman bilgisayarla hesaplamalara gereksinim duyulmamaktadır. Yöntem çok yönlü olup, uygulanışı oldukça basit, verdiği sonuçlar ise ekonomiktir. Yöntemi doğru bir şekilde uygulayabilmek için mühendis, plakların göçme mekanizmaları hakkında bilgi sahibi olmalıdır. Zira göçme mekanizması verilen yükleme tipi için doğru bir şekilde belirlenebildiği takdirde göçme yükünü tam olarak elde edebilmek, plastik mafsal çizgileri yöntemi ile mümkün olmaktadır. Plastik mafsal çizgileri yönteminde, döşemenin elastik şekildeğiştirme eğrisini belirlemek yerine, en düşük kırılma yükünü veren olası göçme mekanizmaları araştırılmaktadır. Bu göçme mekanizmasına karşılık gelen yük değeri, döşemenin nihai taşıma kapasitesi ya da göçme yükü olarak adlandırılmaktadır. Plakların göçme yüklerinin belirlenmesi aşağıda verilen teoremlerle mümkün olabilmektedir [50].

Bir plak için belirli bir yük sistemini dengeleyen statikçe kabul edilebilir sonsuz sayıda moment dağılımı mevcuttur. Benzer şekilde belirli bir yük sistemine kinematik olarak kabul edilebilir çeşitli mekanizma durumları da karşılık gelebilir. Bu iki durum için de plağın göçme yükü belirlenmektedir.

Göçme yükü, kinematik olarak kabul edilebilir çeşitli mekanizmalara karşılık gelen tüm P yüklerinin üst sınırıdır. Diğer bir deyişle bu P yükleri göçme yükünün alt sınırıdır. Bu nedenle bu tür çözümlere alt sınır çözümleri adı verilmektedir [51].

Kinematik olarak kabul edilebilir bir göçme mekanizmasına statikçe kabul edilebilir bir moment dağılımı karşılık getirilebilirse bu durumda elde edilen göçme yükü gerçek göçme yüküdür.

Döşemeler için uygulanan plastik mafsal çizgileri metodu bir "*üst sınır*" metodudur. Yapılan hesaplar sonucu bulunan göçme yükü bazen, gerçek yükten fazla çıkabilir. Bu durumda tasarımcı güvenli tarafta kalmak isteyebilir. Plastik mafsal çizgileri çözümlemesi, hesaplanan kapasitenin doğrulanmasında kullanılır [49].

Eğer alt sınır koşulları sağlanıyorsa bu, döşemenin kesinlikle verilen yükü taşıyabileceği anlamına gelmektedir. Eğer üst sınır koşulları sağlanıyorsa, bunu sağlayan yükten daha büyük bir yük değeri kesin olarak göçmeye sebep olur. Seçilen göçme mekanizması doğru değilse, mevcut yükten daha az bir yük değeri bile göçmeye neden olabilir. Bu durumda göçme mekanizmasının doğru olarak seçilmesinin oldukça önemli olduğunu söylemek yerinde olacaktır [51,52,53].

1.5.1. Göçme Mekanizmaları

Gerçek göçme yükü daha önce de belirtildiği gibi yalnızca doğru göçme mekanizması seçilirse belirlenebilir. En uygun göçme mekanizmasını belirlemenin amacı ise kritik moment değerini belirlemektir. Kritik moment değeri, en düşük göçme yükü ya da en büyük moment değeri olarak adlandırılmaktadır. Doğruluğu mükemmele yakın bir çözüm istendiğinde göçme mekanizmasının verilen yük kombinasyonu için tam olarak belirlenmesi önem kazanmaktadır. Ancak plastik mafsal çizgileri yönteminin doğası gereği yaklaşık göçme mekanizmaları seçildiğinde bile doğru ya da tam çözüme oldukça yakın sonuçlar elde edilebilmektedir. Bu da tasarım aşamasında pratiklik ve hız sağlamaktadır.

Üç taraftan basit mesnetli, bir tarafı boş olan döşemelerde göçme mekanizması Şekil 10'da verilmektedir. Şekilden görüldüğü gibi her iki göçme mekanizması da olasıdır. Şekil 10a'ya göre yapılan bir analiz sonucu elde edilen göçme yükü, Şekil 10b'dekinden fazla olabilmektedir. Bunun tam tersi de olabilir. Buradan da görüldüğü gibi mümkün olabilecek göçme mekanizmaları araştırılmalı, bunların içinden *en düşük* göçme yükünü veren mekanizması seçilmelidir [52,53].

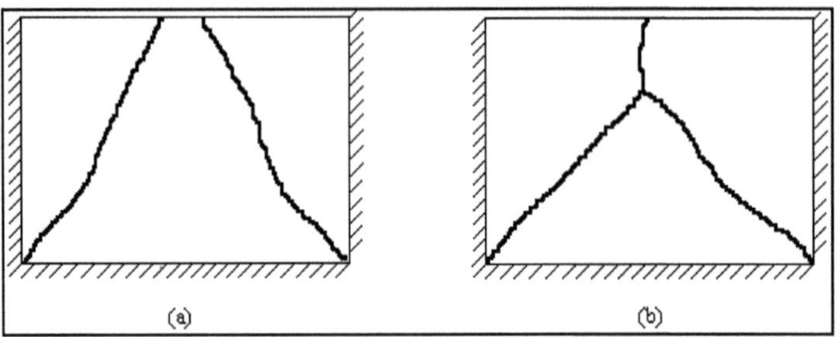

Şekil 10. Oluşabilecek göçme şekilleri

Plastik mafsal çizgileri yönteminde oldukça karmaşık geometrilerdeki döşemeler kolaylıkla boyutlandırılıp analiz edilebilmektedir. Şekil 11'de görülen döşeme plastik mafsal çizgileri yöntemi ile analiz edildiğinde, Şekil 12'de verildiği gibi döşeme parçalara ayrılmakta, parçalanmış kısımlar üzerinde göçme mekanizmalarının oluşumu denetlenmekte ve en uygun göçme mekanizması (en düşük göçme yükü ya da en büyük moment değerini veren mekanizma) seçildikten sonra işlemler tamamlanmaktadır.

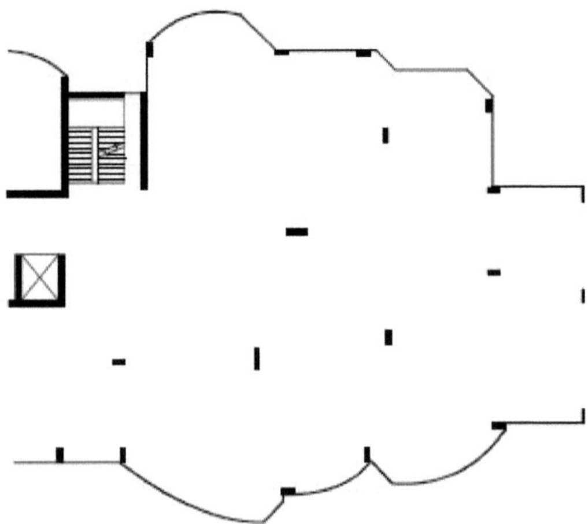

Şekil 11. Düzensiz yapıdaki bir kirişsiz döşeme [50].

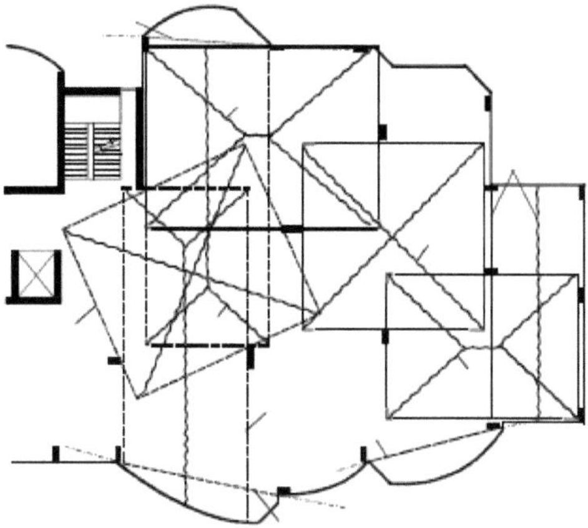

Şekil 12. Kirişsiz döşemede uygun göçme mekanizması belirleme işlemleri [50].

Bir plakta mümkün olabilecek göçme mekanizmalarının araştırılmasında yardımcı olabilecek kurallar aşağıda verilmektedir (Şekil 13).

- Plağın iki rijit elemanı arasındaki plastik mafsal çizgisi bu elemanların dönme eksenlerinin kesim noktasından geçmektedir. Tekil mesnete oturan plaklarda ise dönme ekseni tekil mesnetten geçmelidir.

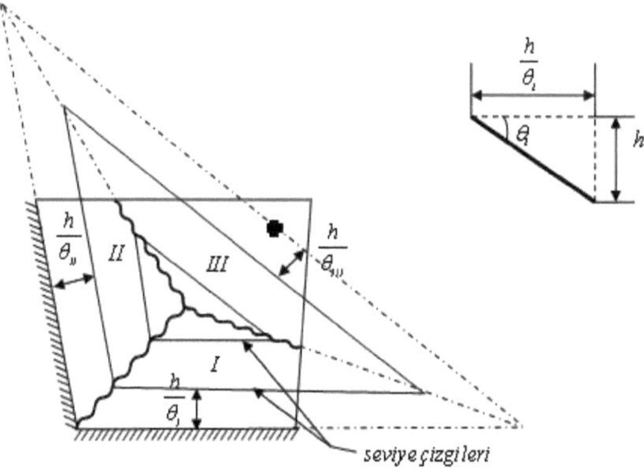

Şekil 13. Plastik mafsal çizgilerinin belirlenmesi [51].

- Plağın tüm elemanlarının θ_i dönmeleri belli ise tüm göçme mekanizmalarının belirlenmesi mümkün olabilmektedir.
- Eğer şekildeğiştirmiş plağın, keyfi olarak seçilen bir "h" mesafesinden mesnetler düzlemine paralel bir düzlemle kesildiği düşünülürse bu düzlemin, plağın farklı elemanlarıyla ara kesitleri şekildeğiştirmiş plağın seviye çizgilerini meydana getirmektedir. Seviye çizgilerinin, dönme eksenlerine uzaklıkları $\frac{h}{\theta_i}$ ile ifade edilmektedir.
- Seviye çizgileri birbirlerini plastik mafsal çizgileri üzerinde kesmektedir. Bu durumda plastik mafsal çizgileri, dönme eksenlerinin kesim noktası ile seviye çizgilerinin kesim noktalarının birleştirilmesi ile belirlenmektedir.

Bazı plastik mafsal çizgisi desenleri, (göçme mekanizmaları) Şekil 14'te verilmektedir. Sistemde kolon bulunduğu zaman dönme eksenleri kolondan geçmeli ve plastik mafsal çizgileri belirlenirken bu durum göz ardı edilmemelidir. Düzensiz geometrilerdeki döşemelerde birkaç göçme mekanizması belirlenmekte olup bunlar arasından en uygun çözüm araştırılmaktadır. Döşemede delik bulunması durumunda ise, deliğin ya da boşluğun sivri köşeleri mevcutsa burada oluşacak gerilme yığılmaları nedeniyle kırılma çizgileri bu noktalarla kesişmelidir. Kirişsiz döşeme, konsolun köşe noktasından tekil kolonla desteklendiği durumda yelpaze şeklinde kırılma deseni mevcut olup burada pozitif ve negatif momentler yer değiştirmektedir. Kirişsiz döşemelerde genellikle konik kırılmalar gözlenmektedir. Bunun oluşum şartı, önceden de açıklandığı gibi, zımbalamaya karşı dayanımın olması ve döşemenin denge altı donatılandırılmış olmasıdır. Plaklarda ender görülen bir durum olsa da tekil yükler nedeniyle dairesel göçme mekanizmaları görülebilmektedir (Şekil 14). Oluşan daire deseninde pozitif plastik mafsal çizgilerini çevreleyen dairesel negatif plastik mafsal çizgisi oluşmaktadır. Bu mekanizma ile, plakta ağır bir tekil yük olması durumunda ya da kirişsiz bir döşemenin tekil kolon tarafından desteklenmesi durumlarında karşılaşılabilmektedir. Bu şekilde, m, pozitif göçme momentini, m^1 negatif göçme momentini, r ise göçme mekanizmasının çapını göstermektedir.

Göçme mekanizmasının belirlenmesinde sadece plağın geometrik şekildeğiştirmesinin dikkate alınmasının yeterli olmayacağı açıktır. Göçme yükünün belirlenmesi denge denklemi yöntemi ya da virtüel iş yöntemi ile yapılabilmektedir. Bu yöntemler aşağıda özetlenmektedir.

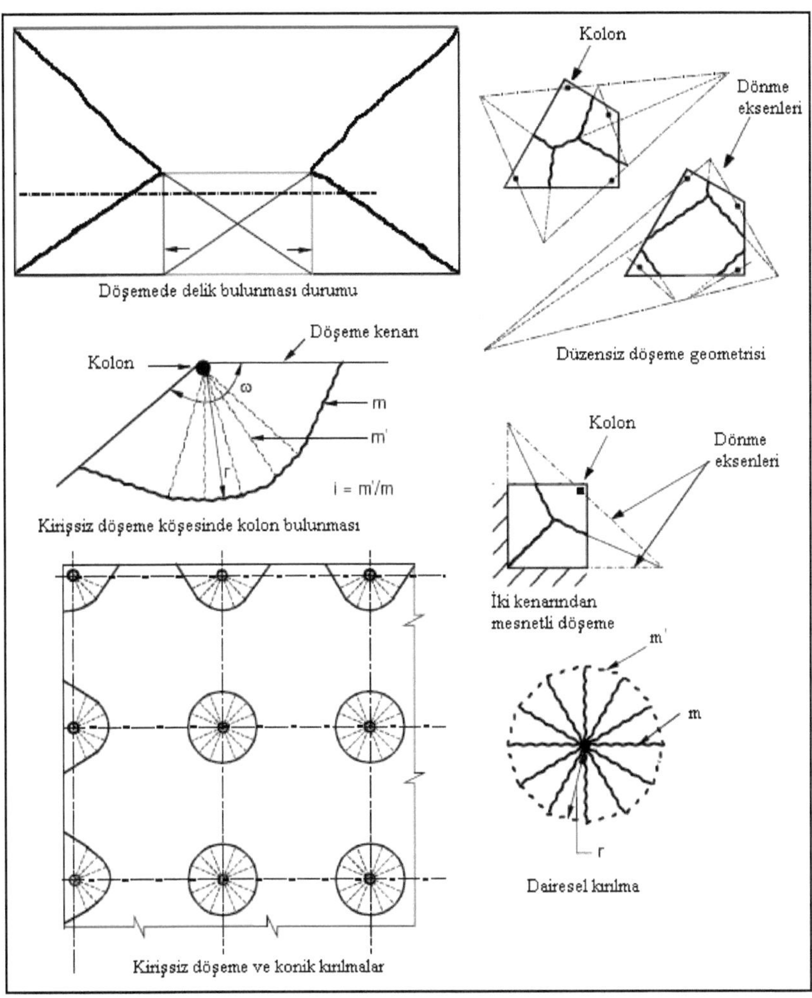

Şekil 14. Çeşitli göçme mekanizmaları [49,50,52].

1.5.2. Plastik Mafsal Çizgilerinde Denge Denklemlerinin Kullanılması

Plastik mafsal çizgileri yöntemi ile döşemelerin yapısal çözümlemesi mekanizmayı meydana getiren "n" adet rijit elemanın her birinin denge denklemlerinin yazılması esasına dayanmaktadır. Böylece en genel durumda "3n" adet denge denklemi elde edilmektedir.

Denge denklemleri ile çözümleme yapıldığında elde edilen sonuç göçme yükünün bir alt sınır çözümü olmaktadır. Daha önceden de belirtildiği gibi alt ve üst sınır çözümlerinin birbirine yaklaştırılması ile (Şekil 15) en ideal çözüm elde edilmektedir. Alt sınır ve üst sınır çözümlemelerinden elde edilen göçme yüklerinin ortalaması alınarak daha gerçekçi göçme yükü,

$$p_{u,ort} = \frac{\min p_{u,1} + \max p_{u,2}}{2} \tag{20}$$

olarak elde edilmektedir.

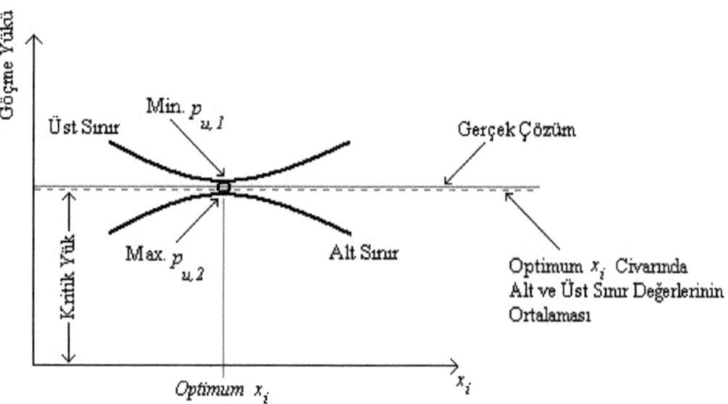

Şekil 15. Kritik yükün elde edilmesi [41].

Denge denklemleri içe çözüm, plastik mafsal çizgileri ile bölünmüş plak parçalarının sistemin her bir noktasında denge şartının sağlanıp sağlanmadığına dayanır. Sonuç olarak matematiksel işlemler, denge denklemi ya da virtüel iş yönteminde birbirinden farklı olsa bile bu iki yöntem, plastik mafsal çizgilerinin optimum çözümünde aynı sonucu vermektedir. Her döşeme parçası ayrı bir parça olarak düşünüldüğünde,

$$\sum P_z = 0 \sum M_x = 0 \sum M_y = 0 \qquad (21)$$

eşitlikleri ile en uygun çözüm araştırılır. Bu denge denklemlerinin hepsi döşeme parçalarının dışardan mesnetlenmediği durumlarda kullanılmaktadır. Örneğin noktasal bir mesnet olarak kolonda iki moment denklemi yeterlidir. Döşeme parçaları bir çizgi boyunca mesnetlenmişse o çizginin bulunduğu eksen boyunca yalnızca bir moment bileşeni kullanılarak hesap yapmak yeterlidir.

Her bir döşeme parçası uygulanan yükler altında dengede olan serbest (kendi başına) bir eleman olarak dikkate alınmaktadır. Plastik mafsal çizgileri boyunca oluşan momentler asal momentlerdir. Plastik mafsal çizgileri boyunca burulma momentlerinin ve (birçok durumda) plastik mafsal çizgileri boyunca kesme kuvvetlerinin sıfır olduğu kabul edilmektedir. Denge denklemleri yazılırken genellikle "m" birim direnme momentleri dikkate alınmaktadır.

Denge denklemlerinin sayısı, bilinmeyen sayısına bağlıdır. Bilinmeyenlerden birisi daima, direnme momentleri ile yük arasındaki ilişkidir. Diğer bilinmeyenler, plastik mafsal çizgisinin yerinin belirlenmesinde gereklidir. Genel durumda bir ek denklem ile akma çizgilerinin mesnetlere uzaklığını belirlemek mümkün olmaktadır. Eğer döşeme, dik doğrultularda aynı miktarda donatı kullanılarak güçlendirilmişse direnme momenti iki doğrultuda da aynı olmaktadır. Bu durumda döşeme izotrop kabul edilmektedir. Eğer döşemenin iki dik doğrultudaki dayanımı birbirinden farklı ise döşeme ortogonal anizotropik veya basitçe ortotropik olarak anılmaktadır. Örnek olarak dört kenarından basit mesnetli izotrop donatılı bir kare döşeme göz önüne alınsın ve bunun direnme momenti olan $m = \phi m_n$ birim momenti, parçaların dengesinden belirlensin,

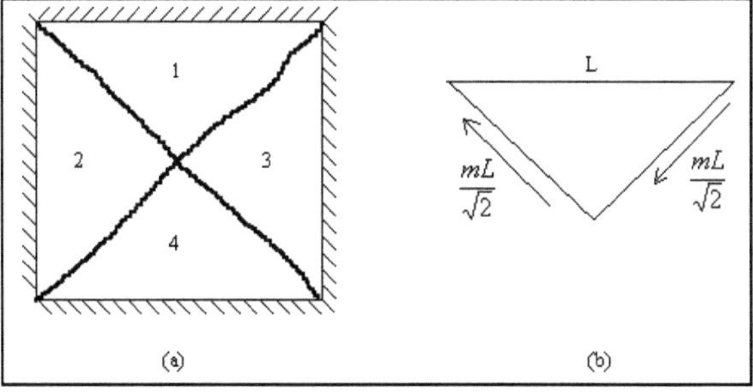

Şekil 16. Üniform yayılı yüke maruz bir kare döşeme

1,2,3,4 ile gösterilen parçalardan herhangi birinin, karşısındaki kenar mesnete göre dengesinden,

$$\frac{qL^2}{4}\frac{L}{6}-2\frac{qL}{\sqrt{2}}\frac{1}{2}=0 \tag{22}$$

olmak üzere direnme momenti,

$$m=\frac{qL^2}{24} \tag{23}$$

olarak elde edilmektedir. Direnme momenti genellikle, herhangi bir plastik mafsal çizgisi parçası boyunca sabit olmaktadır.

1.5.3. Plastik Mafsal Çizgilerinde Virtüel İş Yönteminin Uygulanması

Bu yöntemde döşemenin geometrik parametrelerine bağlı olarak belirlenmiş, mümkün olan çeşitli mekanizmalarda, döşemenin herhangi bir noktasına mesnet koşulları ile uyum içinde bir w yerdeğiştirmesi verilsin. Bu durumda iş denklemi dikkate alınan yerdeğiştirme için dış kuvvetlerin işinin iç kuvvetlerin işine eşitlenmesi ile elde edilir. Mekanizmanın sadece doğrusal plastik mafsal çizgilerine sahip olması halinde w_i, P_{ui} tekil yükünden doğan yerdeğiştirmeyi ; $w(x,y)$, p_u eşit yayılı yükünden doğan yerdeğiştirmeyi göstermek üzere dış kuvvetlerin işi,

$$W_e=\sum_n\left(\int\int_{(A_n} p_u w(x,y)dA_n+\oint_l \bar{P}_u\, w(s)ds+\sum_i P_{ui}w_i\right) \tag{24}$$

bağıntısıyla belirlenmektedir. (3) denklemindeki ikinci ve üçüncü terimler sırasıyla çizgisel ve tekil yük tarafından yapılan işi göstermektedir. Bir döşeme parçası için iç kuvvetlerin yaptığı iş ise, θ plastik mafsal çizgileri üzerindeki dönmeyi, m_u bir plastik mafsal çizgisi üzerindeki birim boya düşen direnme momentini göstermek üzere,

$$W_i=\sum_n\left[\int_i \theta m_u d_s\right] \tag{25}$$

bağıntısı ile hesaplanmaktadır. Buradaki s, plastik mafsal çizgisinin uzunluğunu göstermek üzere, belirtilen integrasyonla her bir parçayı çevreleyen plastik mafsal çizgisi uzunluğu boyunca oluşan iç kuvvetlerin yaptığı iş belirlenerek toplanmakta ve bu toplam, döşemedeki iç kuvvetlerin yaptığı iş olmaktadır. (29) denklemi yerine aynı sonucu veren ve uygulaması daha kolay olan,

$$W_i = \sum_n \left[\bar{\theta}_j \, \bar{m}_{uj} \, l_j \right] \tag{26}$$

denklemi kullanılabilir. Bu denklemde, $\bar{\theta}_j$, plak parçalarının dönme eksenine dik olarak dönmelerini ; $\bar{m}_{uj}$, birim uzunluğa düşen göçme momentini ; l_j ise plastik mafsal çizgisinin uzunluğunu göstermektedir.

Eğer direnme momenti plastik mafsal çizgisi uzunluğu boyunca sabit değilse (çubuk çapı ve yerleştirilmesi plastik mafsal çizgisi boyunca değişken ise) plastik mafsal çizgisi "n" parçaya bölünür. Bölünen bu "n" adet küçük parçadaki moment sabit kabul edilir. Böylece iç kuvvetlerin işi,

$$W_i = (m_1 \ell_1 + m_2 \ell_2 + ... + m_n \ell_n)\theta \tag{27}$$

denklemi ile belirlenebilir. Optimum göçme mekanizmasını, diğer bir deyişle en düşük göçme yükünü (p_u) belirlemek için, var olduğu farz edilen plastik mafsal çizgilerinin geometrik olarak tanımlanmasına yarayan $x_1, x_2, x_3, ..., x_r$ geometrik parametreleri kullanılarak optimum yük değeri,

$$p_u = m_u f(x_1, x_2, x_3, ..., x_r) \tag{28}$$

ile ifade edilmektedir. Bu aşamadan sonra plastik mafsal çizgilerinin optimum hali için aşağıda verilen işlemler yapılır.

$$\frac{\partial p_u}{\partial x_1} = 0, \frac{\partial p_u}{\partial x_2} = 0, \frac{\partial p_u}{\partial x_3} = 0, ..., \frac{\partial p_r}{\partial x_r} = 0 \tag{29}$$

Bu işlemler [41], basit bazı haller dışında oldukça yorucu ve karmaşıktır. Dolayısıyla da uygulamaları plastik mafsal çizgileri yönteminin basitlik ilkesi ile çeliştiğinden her defasında bu işlemleri yapmak yerine genellikle deneme yanılma yoluyla en uygun göçme mekanizması belirlenmektedir.

Herhangi bir göçme mekanizması araştırılırken genelde aşağıda verilen yol izlenmektedir. (4) denklemi, plastik mafsal çizgisinin geometrik parametrelerini belirleyen "x" değişkenlerine göre çözülerek nihai yük olan p_u değeri elde edilmektedir. Bu yük, parametreye bağlı olarak bir grafik biçiminde ifade gösterilirse (Şekil 17a), p_u'nun en küçük değeri aranan çözüm olmaktadır. Ancak bazı plastik mafsal çizgisi mekanizmalarında birden fazla çözüm var olabilmektedir (Şekil 17b). Bu durumda da çözümler içindeki en düşük yükü veren "x" değerleri, plastik mafsal çizgisinin geometrik parametreleri olarak bulunmaktadır.

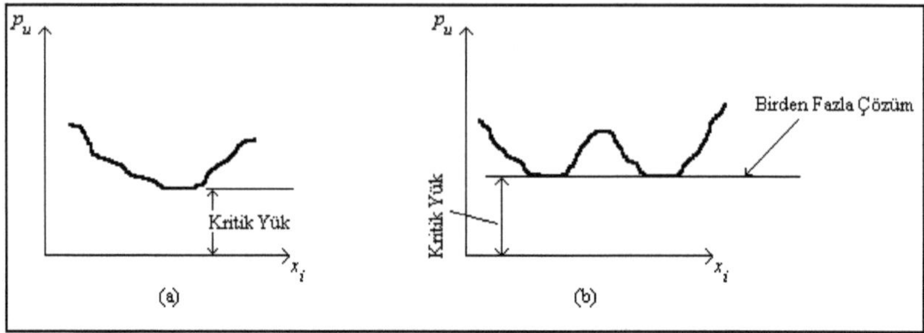

Şekil 17. Göçme yükünün geometrik parametreye bağlı olarak elde edilmesi [41,52,53,54].

Dikkat edilecek nokta, her durumda iç işin *pozitif* olduğudur. *m*'nin işaretine bakılmaz çünkü oluşan her dönme, iç moment nedeniyledir ve dönmeler momentin yönü ile uyumlu olmak zorundadır. Ancak dış kuvvetlerin işi, pozitif veya negatif olabilmektedir. Bu durum kuvvet bileşkesinin doğrultusu ve bu doğrultudaki yerdeğiştirme ile ilgilidir. Bazı karmaşık geometriye sahip durumlarda virtüel iş metodu ile direkt çözüm yorucu olabilmektedir. Kısmi türevler içeren denklem setlerinin eş zamanlı olarak çözülmesi gerekebilir. Bu durumlarda genellikle ardışık yaklaşım yöntemi ile uygun/mümkün akma çizgisi yerleri seçilerek oluşturulan mekanizmadan bilinmeyen yük veya bilinmeyen moment ve gerçek minimum yük veya maksimum moment değerleri belirlenebilmektedir [41].

1.5.4. Donatı Yerleşimlerine Göre Plastik Mafsal Çizgileri ve Özel Durumlar

1.5.4.1. Ortotropik Donatı ve Simetrik Olmayan (Eğik, Çarpık) Plastik Mafsal Çizgileri

Döşemelerde donatı düzenlemeleri, genellikle eşit aralıklı olarak yapılmaktadır. Bazı durumlarda da donatılar iki dik doğrultuda farklı aralıklarda dizilebilmektedir. Diğer bir deyişle döşemeler farklı sistem donatı düzenine sahip olabilmektedir. Bu bölümde bu özellikteki bir döşemede plastik mafsal çizgileri oluşumunun ve bunların çözümlenmelerinin üzerinde durulmaktadır (Şekil 18).

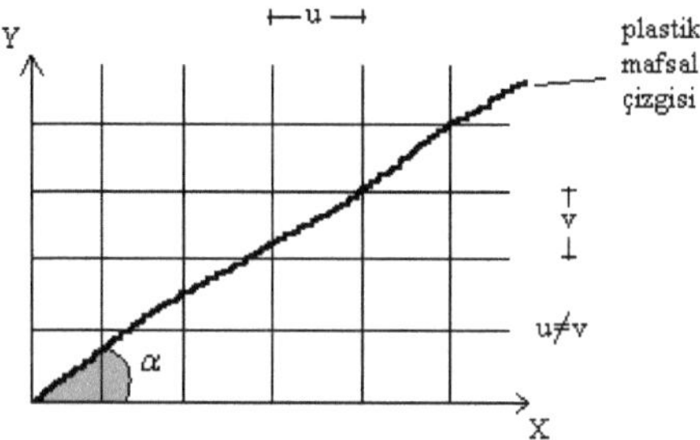

Şekil 18. Farklı aralıklarla donatı yerleştirilmesi durumu

Buna göre α açısı yapan plastik mafsal çizgisi boyunca X ve Y doğrultusunda yerleştirilmiş donatılardan gelen momentlerin toplamı,

$$m_{\alpha y} = \frac{m_x u Cos\alpha}{u / Cos\alpha} = m_x Cos^2\alpha \tag{30}$$

şeklindedir. Y doğrultusundaki çubuklar için (Şekil 19) Y ekseni etrafında her bir çubuğun direnme momenti $m_y v$ kadar olmaktadır. Plastik mafsal çizgisi uzunluğu boyunca bu etkinin bileşeni de $m_y vSin\alpha$ olmaktadır. Benzer şekilde plastik mafsal çizgisi uzunluğu boyunca X doğrultusundaki çubuklardan elde edilen (Şekil 20) birim dayanım momenti de,

$$m_{\alpha x} = \frac{m_y vSin\alpha}{v / Sin\alpha} = m_y Sin^2\alpha \tag{31}$$

olarak elde edilebilir.

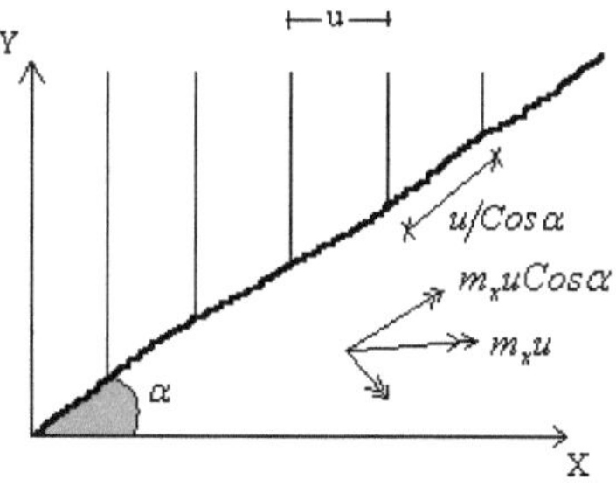

Şekil 19.Y ekseni doğrultusunda donatı olması durumu

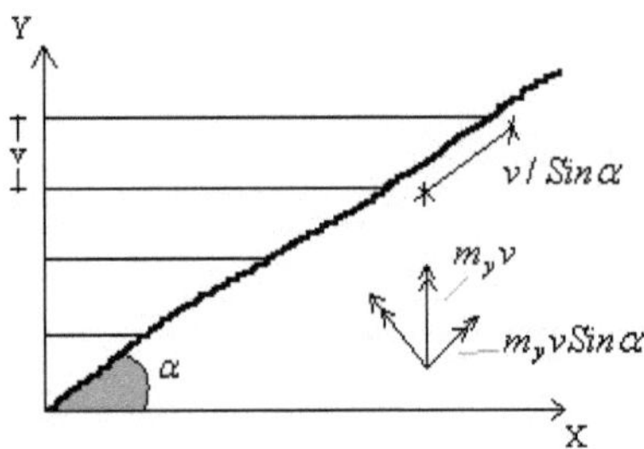

Şekil 20. X ekseni doğrultusunda donatı olması durumu

m_α ise bu iki değerin toplamından,

$$m_\alpha = m_x Cos^2\alpha + m_y Sin^2\alpha \tag{32}$$

olarak bulunabilmektedir. Bir özel hal olarak, eğer iki doğrultuda eşit donatı mevcutsa (izotrop donatılı), bu bağıntı,

$$m_\alpha = m(Cos^2\alpha + Sin^2\alpha) = m \tag{33}$$

olarak elde edilebilir. Ortotropik bir döşemenin çözümlemesi, benzer bir izotrop döşeme çözümlemesine indirgenerek basitleştirilebilmektedir. Bu durumda elde edilen döşemeye, affin döşeme adı verilmektedir. Bu işlem her iki doğrultuda negatif donatının pozitif donatıya oranının aynı alınması ile yapılabilir. Yatay mesafeler ve döşeme yükleri, bu dönüşümü mümkün kılmak için modifiye edilir. Söz konusu dönüşümlerde iki dik doğrultudaki moment kapasitesinin oranını temsil eden

$$\varphi = \frac{m_{ux}}{m_{uy}} \tag{34}$$

katsayısı kullanılmaktadır. Affin dönüşümler yapılırken, kullanılan parametreler Tablo 3'te verilmektedir. Çeşitli yük tipleri için uygulamalar ise Tablo 4'te verilmiştir.

Tablo 3. Affin dönüşüm parametreleri [41,53,54].

Ortotrop	Eşdeğer İzotrop (Affin)
x	ξ
y	$\eta = y/\sqrt{\mu}$
a	a^1
b	b^1
$p_u(x,y)$ yayılı yük	$p_u(\xi,\eta)$
p_u tekil yük	$p_u/\sqrt{\lambda}$
$\bar{p}_u$ çizgisel yük	$\bar{p}_u/\sqrt{\lambda Cos^2\omega + Sin^2\omega}$

Tablo 4. Affin dönüşüm uygulamaları [50].

Durum	Ortotrop Döşeme	Eşdeğer İzotrop Döşeme
	$\mu < 1$	*dönüştürülmüş affin döşeme*
1)	Üniform yayılı yük ve tekil yük n kN/m^2 + P kN	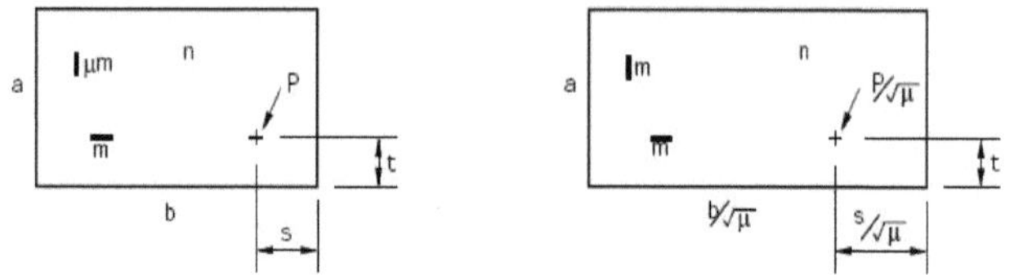
2)	Çizgisel yük P_b kN/m	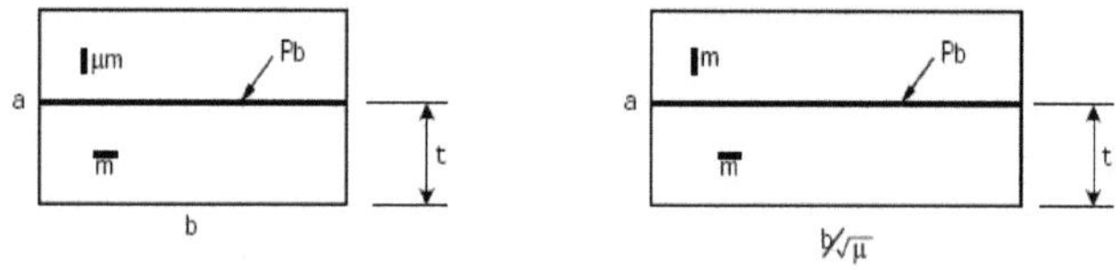
3)	Çizgisel yük P_a kN/m	
4)	Eğik çizgisel yük p_s kN/m	

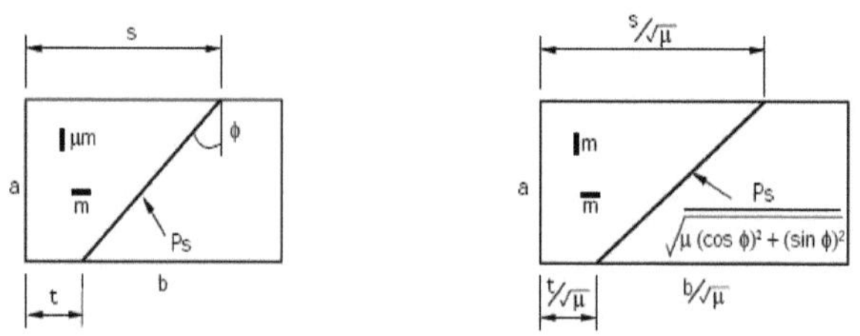

1.5.4.2. Kenar ve Köşelerdeki Özel Durumlar

Serbest veya basit mesnetli (serbestçe dönebilen) kenarlarda, hem eğilme hem de burulma momentleri teorik olarak sıfırdır. Asal gerilme doğrultuları, kenarlara paralel ve diktir. Bunun bir sonucu olarak plastik mafsal çizgileri, mesnetlenen kenara dik olarak saplanır (Şekil 21). Plastik mafsal çizgileri, bunu, kenara çok yakın mesafelerde bir dönüş gerçekleştirerek yapmaktadır. Aşağıdaki şekilde gösterilen "t" dönüş mesafesi, döşeme boyutları ile kıyaslandığında oldukça küçüktür.

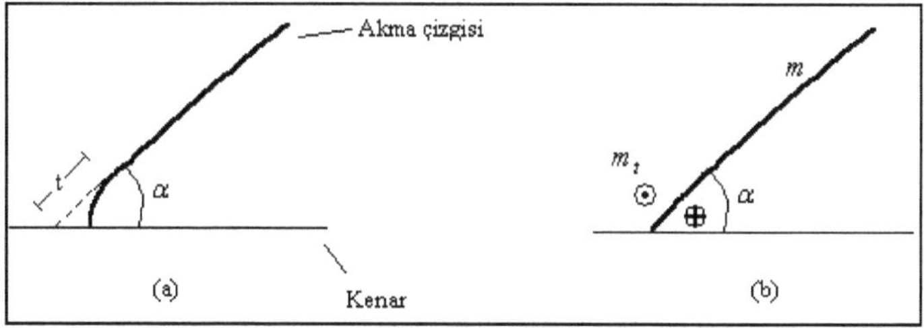

Şekil 21. Gerçek durum (a) ve idealize durum (b) [41,49,52].

Bu şekilden de görüldüğü gibi gerçek plastik mafsal çizgisinin kenara düz birleştiği kabul edilerek basitleştirilmiştir. Eğer bir çift tekil kesme kuvvetinden (kuvvet çifti) ibaret olan m_t döşeme parçalarının köşelerinde oluşuyorsa, bu basitleştirmeyi yapmak mümkündür. Şekil 21b'de, plastik mafsal çizgisi ile kenar arasında kalan kuvvet aşağı, diğeri ise yukarı doğru etkimektedir ve bunlar, burulma momentleri ile kesme kuvvetlerinin kenardaki eş değerleridir. Bu fiktif kesme kuvvetlerinin bileşkesi olan m_t,

$$m_t = mCotg\alpha \qquad (35)$$

olarak verilmektedir. Bağıntıda verilen "m", plastik mafsal çizgisi boyunca birim uzunluğa düşen direnme momentini, α ise plastik mafsal çizgisi ile döşeme kenarı arasındaki dar açıyı göstermektedir. Denge yöntemine göre çözüm yapılırken fiktif kuvvetler çözüme dahil edildiğinde, virtüel iş çözümü bundan etkilenmeyecektir. Zıt yönlü ve birbirine eşit kuvvet çiftinin doğrultusundaki eşit virtüel yerdeğiştirmeler üzerine yaptığı toplam iş sıfır olmaktadır.

Bazı durumlarda da plastik mafsal çizgilerinin köşelere kadar uzandığı farz edilmektedir. Alternatif bir yaklaşım olarak plastik mafsal çizgilerinin köşelere uzanmadan çatallandığından söz edilebilir (Şekil 22). Bu durum köşe kalkması adıyla anılmaktadır. Köşe kalkması genellikle iki doğrultuda çalışan plaklarda görülen bir problemdir. Bu durumda böyle bir döşemedeki köşe kalkması nedeniyle oluşan kırıklar engellenmek istenirse, döşeme üst yüzüne yakın donatı, ab çizgisine dik olarak yerleştirilmelidir.

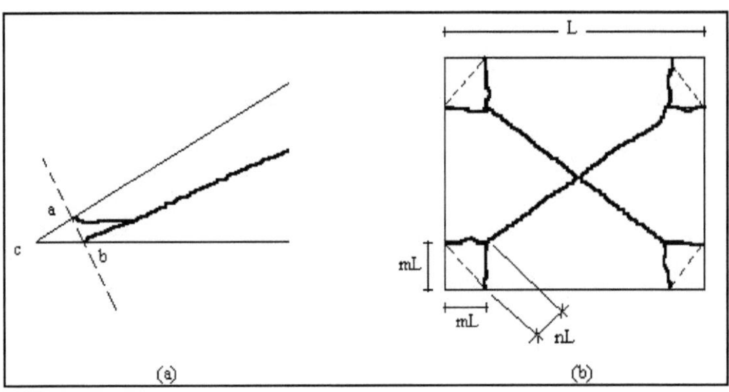

Şekil 22. Köşelerdeki kırılma şekilleri [52].

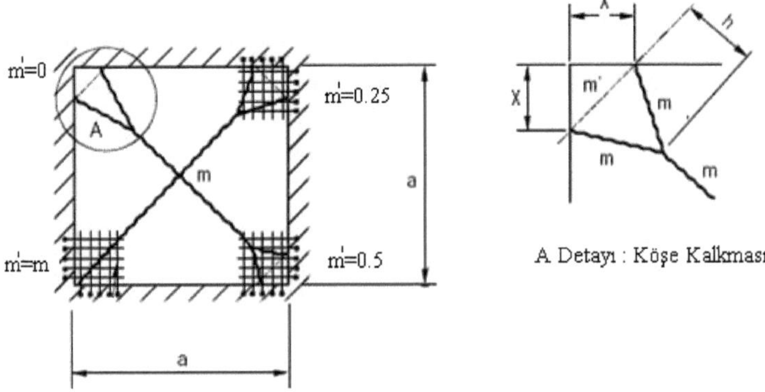

Şekil 23. Tüm kenarları basit mesnetli plakta ankastrelik oranına bağlı olarak köşe kalkması [50].

Düzgün yayılı yük etkisindeki bir kare döşemenin kenarlarındaki ankastrelik oranının, başka bir deyişle mesnet momentinin açıklık momentine oranının, artmasıyla köşe kalkması etkisinin de giderek kaybolduğu görülmektedir (Şekil 23). Ortalama bir değer olarak bu oranın 1'e yakın olmasının köşe kalkması etkisini ortadan kaldırdığı belirtilmektedir. Köşe kalkması ile döşemedeki açıklık momentinin değeri yükselmektedir. Ankastrelik oranının sıfır olduğu durum ile 1 olduğu durum arasında pozitif momentler arasında Şekil 23'de görülen plak için %9'luk bir fark bulunmaktadır [50]. Ayrıca bir çok kaynakta köşe kalkması durumunun, çift doğrultuda çalışan dikdörtgen plaklarda, kenar oranının 3:1'den daha büyük olması durumunda ortadan kalktığı söylenmektedir [50,55]. Köşe kalkması durumunda çözümleme daha karmaşıklaşır. Ancak bunların ihmal edilmesi sonucu oluşan hata genellikle azdır. Örneğin, düzgün yayılı yük etkisindeki bir kare döşemede köşe kalkması ihmal edilerek çözümleme yapılırsa moment taşıma kapasitesi $\frac{qL^2}{24}$ olmaktadır. Köşe kalkması analize dâhil edildiği durumda ise göçme momenti, $\frac{qL^2}{22}$ olmaktadır. Köşelerdeki bu etki, köşe açısı 90 dereceden daha az olduğunda hissedilir derecede fazla olmaktadır. Ancak görüldüğü gibi aradaki fark oldukça azdır ve genellikle köşe kalkması ihmal edilmektedir. Tasarım momentlerine %10'luk bir ilave ile bu durumdan ve göçme mekanizmasının tam olarak belirlenememesi gibi durumlardan oluşacak olumsuzlukların önüne geçilebilmektedir. Bu kural, plastik mafsal çizgileri yönteminde %10 kuralı olarak bilinmektedir [50].

Tasarım momentine veya donatıya %10'luk bir ekleme yapmak, plastik mafsal çizgileri yönteminde oldukça sık başvurulan bir durumdur. Tasarımda kolaylık ve pratiklik sağlaması açısından çok tercih edilmektedir. Köşelerin sivri olması halinde, tekil yük bulunması durumu gibi bazı uç durumlarda emniyet sağlamaktadır.

1.5.4.3. Tekil Yükleme Durumu

Tekil yükler yapı elemanlarında oldukça sık rastlanan bir yük türüdür. Yükün etkidiği alan yükün büyüklüğünün yanında oldukça küçük ve / ya da ihmal edilebilecek düzeydeyse, bu durumda etkiyen yük tekil yük olarak adlandırılmaktadır. Sanayi tipi döşemelerde, ağır bir makinenin oturduğu alanın döşeme büyüklüğüne göre oldukça küçük olması ya da kirişsiz bir döşemenin tekil kolonlarla desteklenmesi durumları tekil yüke örnek olarak verilebilir. Elastik yöntem ile tekil yüklemede çözüm yapılması, plastik mafsal çizgileri yöntemine kıyasla oldukça zor ve zaman alıcı olmaktadır. Denklem (36)'da basit mesnetli bir plak için *Navier* çözüm denklemi verilmektedir. Denklemdeki katsayılarla yayılı yükte her doğrultuda 3 veya 4 terim kullanılarak çözüm yapılabilmekteyken, tekil yükleme için 50–100 arası sıfır olmayan terim gerektirmektedir.

$$w(x,y)=\sum_{n=1}^{\infty}\sum_{m=1}^{\infty}\frac{P_{nm}}{D\left(\frac{n^2}{a^2}+\frac{m^2}{b^2}\right)^2\pi^4}Sin\frac{n\pi x}{a}Sin\frac{m\pi y}{b} \tag{36}$$

Döşemelerde tekil yükleme durumunda zımbalama göçmesi, yapılarda kullanım sırasında büyük tehlikeler yarattığı için önemsenmesi gereken bir etkidir. Zira bu durumda döşeme projelendirildiği amaca uygun olarak davranmamakta, yerel ve ani kırılmalar nedeniyle büyük kayıplar yaşanabilmektedir. Yurdumuzda deprem nedeniyle, bu şekilde inşa edilen yapılarda bahsedilen durumlar yaşanmış olup, gerçekleşen kayıpların sonradan telafisi çoğu zaman mümkün olmamaktadır. Noktasal bir desteğe oturan döşemelerde zımbalama nedeniyle kırılma, eğilme kırılmalarından daha sık rastlanan bir durumdur. Tekil yükün etkidiği alanın çapı "d", döşeme kalınlığı "h" olmak üzere, dairesel ve kare mesnete oturan bir döşeme için kesme kuvveti sırasıyla,

$$\tau\approx\frac{P}{\pi(d+h)h} \tag{37}$$

$$\frac{P}{4(d+h)h}\leq\tau_{emniyet} \tag{38}$$

bağıntılarıyla hesaplanabilmektedir.

Tekil yükleme durumunda oluşan plastik mafsal çizgisi deseninin daire ile çevrelenen dilimler şeklinde (yelpaze, fan) olduğu birçok kaynakta belirtilmektedir [49,50,51,52,53,54,55]. Eğer bir tekil yük, kenar veya köşelere değil de döşeme yüzeyindeki bir yere etkiyorsa bir negatif akma çizgisi oluşmaktadır (Şekil 24). Aşağıda tekil yük etkimesi durumunda göçme yükü hesabı verilmektedir.

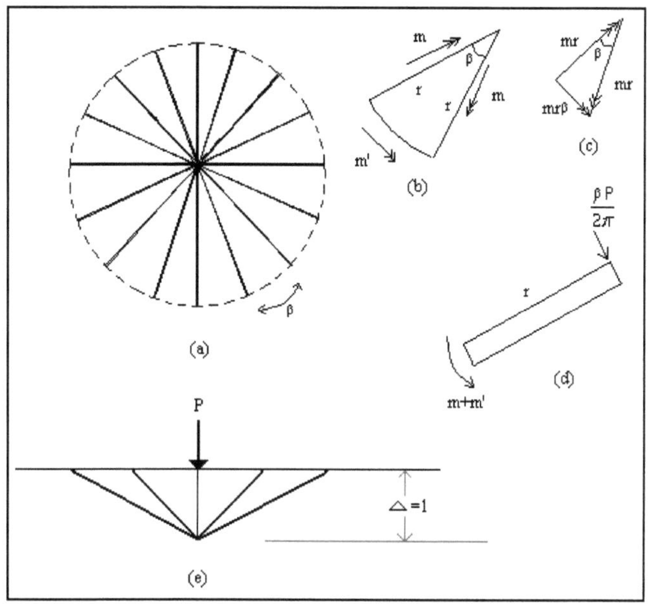

Şekil 24. Dairesel göçme mekanizması

(a)Pozitif ve negatif akma çizgileri
(b)Fanın bir parçasına etkiyen moment vektörleri
(c)Toplam pozitif moment vektörleri
(d)Fanın böldüğü parçanın kesit görünümü
(e)Konik kırılma şekli

Öncelikle yelpaze şeklinde göçme mekanizması oluşabilmesi için sistemin eğilmeye çalışması, zımbalamaya karşı yeterli dayanımının olması gereklidir. Birçok kaynakta geleneksel betonla yapılan döşemelerde dengeli donatı oranından daha az donatı kullanıldığı, bu yüzden döşemelerin gevrek değil sünek davrandığı söylenmektedir [49,50,51].

Döşemelerde yelpaze şeklinde oluşan dairesel plastik mafsal çizgileri; büyük tekil yüklerin etkimesi, noktasal mesnetlerin bulunması, döşeme köşelerinin dar açılı olması durumlarında oldukça sık görülmektedir [41].

Pozitif plastik mafsal çizgileri, yükün uygulama noktasından dışa doğrudur. Eğer birim uzunluğa düşen pozitif dayanım momentine m, negatif dayanım momentine ise m' denirse, dairesel göçme mekanizmasının her bir parçasının kenarı boyunca birim uzunlukta etkiyen momentler, β merkez açısını ve "r" de yarıçapı göstermek üzere Şekil 24b'de verilmektedir. β açısının küçük değerleri için negatif plastik mafsal çizgisi boyunca olan mesafe düz kabul edilebilir. Bu durumda negatif plastik mafsal çizgisi uzunluğu da $r\beta$ olarak alınabilir.

Şekil 24c'de moment toplamı görülmektedir. Bunlar kırık parçalarının radyal kenarları boyunca etkiyen pozitif mr momentlerinin vektörel formudur. $r\beta$ uzunluğu boyunca oluşan momentlerin toplamı, $mr\beta$ dır ve bu uzunluk boyunca birim moment, "m" olmaktadır. Bununla birlikte Şekil 24d'de ayrıca fan parçasının bu kısmının payına düşen $\beta P/2\pi$ kuvveti de görülmektedir. Bu durumda bir fan göçme mekanizmasında iç kuvvetin yaptığı iş [41,53],

$$W_i = \int_{\beta_1}^{\beta_2} (m+m')\frac{\Delta}{r}d\beta \tag{39}$$

şeklinde belirlenmektedir. Buradan, maksimum birim yerdeğiştirme $\Delta = 1$ kabul edilerse ve a-a eksenindeki momentler göz önüne alınırsa,

$$(m+m')r\beta - \frac{\beta \Pr}{2\pi} = 0 \tag{40}$$

$$P = 2\pi(m+m') \tag{41}$$

şeklinde yazılabilmektedir. Bağıntıda, göçme yükü olan P'nin, fanın yarıçapı olan "r"den bağımsız olduğu görülmektedir. Yalnızca tekil kuvvet etkidiğinde, herhangi bir çapta oluşacak kırılma mekanizmasının, göçme yüküne bir etkisi olmadığı anlaşılmaktadır. (11) denklemi, kenarların ankastre olduğu durumda, herhangi bir geometrideki döşemelerin sadece tekil yüke maruz oldukları durumdaki göçme yükünü vermektedir. Denklemin kullanılabilmesi için gerekli koşul, mesnetlerin, m' dayanım momentine dayanabilecek yeterlilikte ve tekil yükün de mesnetlerden yeterince uzakta olmasıdır [52,53].

Plastik mafsal çizgileri teorisinde hemen her türdeki fanın kullanımı teorik olarak mümkün olmasına rağmen fan tasarımları genel olarak aşağıda verilen 3 ana şekilde ele alınmaktadır [54].

- Küçük ancak belli bir sayıda üçgenler kullanılarak hesap yapılabilir. Çoğu durumda 3 adet üçgen kullanmak yeterli olmaktadır. Göçme mekanizması seçildikten sonra virtüel iş denklemi ve deneme yanılma ile problemin çözümü gerçekleştirilebilir.
- Özel dairesel fan mekanizmaları kullanılabilir. Merkezden geçen bütün çizgilerin uzunluğunun eşit olduğu sonsuz sayıda üçgenden oluştuğu varsayılan bir kırılma

şekli kabul edilebilir. Bu durumda ortaya çıkacak göçme mekanizması, 3 boyutlu olarak değerlendirildiğinde mükemmel bir koni olmaktadır. Sehim değerleri de koninin geometrik parametreleri olmaktadır. Bu şekilde bir yaklaşımın uygulanması, denge denklemleri yerine virtüel iş yöntemi ile hesap yapıldığında belirli sayıda üçgen seçerek hesap yapmaktan daha kolay olmaktadır.

- En küçük göçme yükünü veren, dairesel olmayan özel şekilli fanlar kullanılabilir. Ancak işlemlerdeki uzunluk ve karmaşa nedeniyle bunların kullanımı çoğu zaman bilgisayar yardımı ile mümkündür. Çözüm bir çok durumda varyasyonel analiz gibi yöntemlerle belirlenebilmektedir.

Sadece yayılı yük olması durumunda da bazen fan kırılmaları oluşabilmekte, ya da en kritik durumu verdiği için bu yolla hesap yapmak tercih edilebilmektedir (Şekil 25).

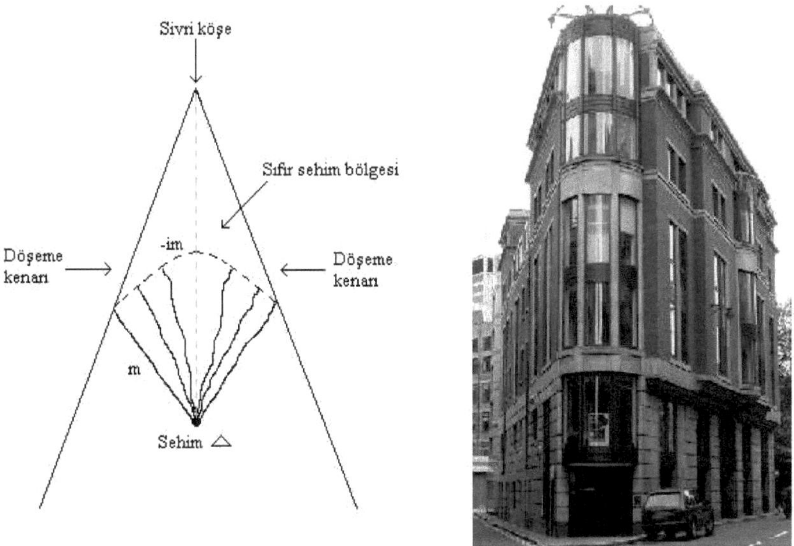

Şekil 25. Döşemede sivri köşe bulunması durumu [50,53,54].

Bu şekilden de görüldüğü gibi döşeme köşesinin sivri olması durumunda köşedeki kısım neredeyse hiç sehim yapmamakta, fanı sınırlandıran negatif plastik mafsal çizgisine kadar olan bölgeye kadar neredeyse hiç sehim oluşmamaktadır. Bu tip döşemeler, fan yerine düz çizgilerle çözülebilmesine rağmen fan kullanımı ile daha az kırılma yükleri elde edilmektedir. Fanı oluşturan parçaların sayısı arttığında çoğu durum için çözüm giderek hassaslaşmaktadır. Dolayısıyla da fazladan malzeme sarfiyatının bu şekilde önüne geçilebilmektedir. Örneğin dört tarafından ankastre mesnetli bir döşemede (Şekil 26), (11) bağıntısına göre hesap yapılması durumunda kırılma yükü,

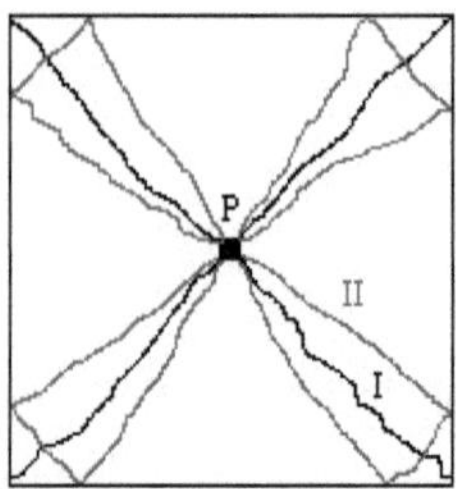

Şekil 26. I (Köşegen) ve II (Sekizgen) göçme mekanizmaları

$$P = 6{,}28m \tag{42}$$

olarak belirlenmesine rağmen, şekilde (I) ile gösterilen köşegen doğrultusundaki kırılma mekanizması kullanıldığında yük değeri,

$$P = 8m \tag{43}$$

değerini almaktadır. Bu durumda gerçek yükten %27 daha büyük bir yük değeri elde edilmektedir. II ile gösterilen sekizgen kırılma deseni kullanıldığında ise kırılma yükü,

$$P = 6{,}64m \tag{44}$$

olarak elde edilmektedir. Bu yük, gerçek yük değerinden yalnızca %5,5 daha büyüktür. Dolayısıyla, kırılma yükünün fan şeklinden bağımsız olduğu durumlarda fanı oluşturan parçaların sayısının yüksek olması bulunan sonucu gerçeğe yaklaştırmaktadır.

Öte yandan, kritik göçme yükünün belirlenmesi çoğu durumda kolay olmasına rağmen, tekil yükleme durumunda göçme mekanizmasının belirlenmesi bazı durumlar için oldukça karmaşıktır. Yük mesnetlere yakın olduğunda kırılma yükü, kırık şekline ait bazı geometrik parametrelere bağımlı hale gelmektedir. Bu duruma örnek olması amacıyla tekil yükün kısa açıklıklı bir köprü tabliyesinde bulunduğu durumdaki göçme mekanizması Şekil 27'de verilmektedir.

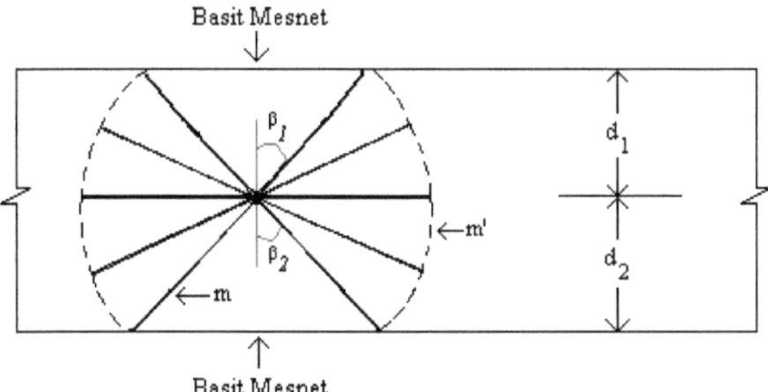

Şekil 27. Kısa açıklıklı bir köprü tabliyesinde göçme mekanizması [53,54].

Bu köprü tabliyesinde iç ve dış kuvvetlerin eşitliğinden hareketle taşıma kapasitesi,

$$P = 2m(1+i)(\pi - \beta_1 - \beta_2) + 2m\tan\beta_1 + 2m\tan\beta_2 \quad (45)$$

olarak belirlenmektedir. Bu durumda açıların ölçülmesi ya da tahmin edilmesi sırasında oluşabilecek problemlerin önüne geçilmesi ve hesapların kolaylaştırılması açısından göçme mekanizması kolaylık sağlaması açısından düz çizgilerden oluşuyormuş gibi kabul edilebilmektedir. Bu tip kolaylaştırmalar, işlemlerin uzun ve yorucu olduğu bazı özel durumlarda kullanılmaktadır. Şekil 27'de verilen gerçek göçme mekanizması yerine Şekil 28'de verilen basitleştirilmiş göçme mekanizması kullanılabilmektedir.

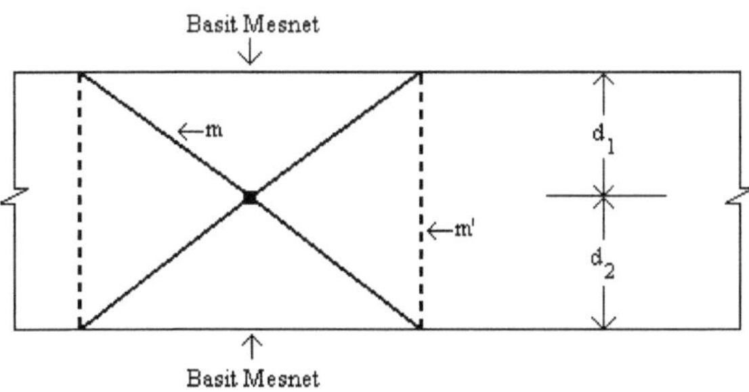

Şekil 28. Göçme mekanizmasının basitleştirilmesi [54].

Bu şekilde bir göçme mekanizması seçildiğinde hem işlemler basitleşmekte, yükün fan geometrisinden bağımsız olduğu durumun tersine, biraz daha az dayanım yükü elde edilerek, tasarım daha güvenli hale gelmektedir. Dayanım yükü yine de istenirse, önceden de bahsedildiği gibi, %10 artırılabilmektedir (%10 kuralı). Gerçek durumda oluşan göçme mekanizması oldukça karmaşık olmasına rağmen aynı şekilde basitleştirme yapılarak elde edilen nihai yükün deneysel taşıma kapasitesine yakın olduğu birçok kaynakta belirtilmektedir [41-55]. Şekil 29 (a)'da tekil yükle yüklenmiş bir kare döşemenin, bütün kenarlarının basit mesnetli olduğu durumdaki kırılma şekli, Şekil 29 (b)'de ise mekanizmanın idealize hali verilmiştir. Şekil 30 (a) ve (b)'de ise aynı durum açıklık ortasında çizgisel yükle yüklenmiş dikdörtgen bir döşeme için verilmektedir. Çizgisel yük, uzun açıklık doğrultusunda yer almaktadır.

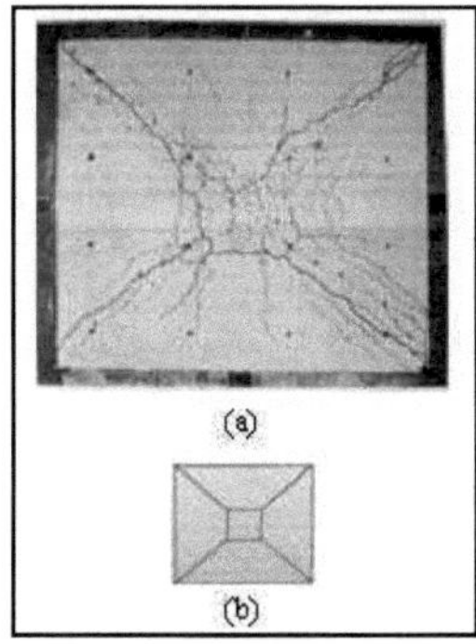

Şekil 29. Tekil yüklü bir döşemedeki gerçek ve idealize plastik mafsal çizgileri [42].

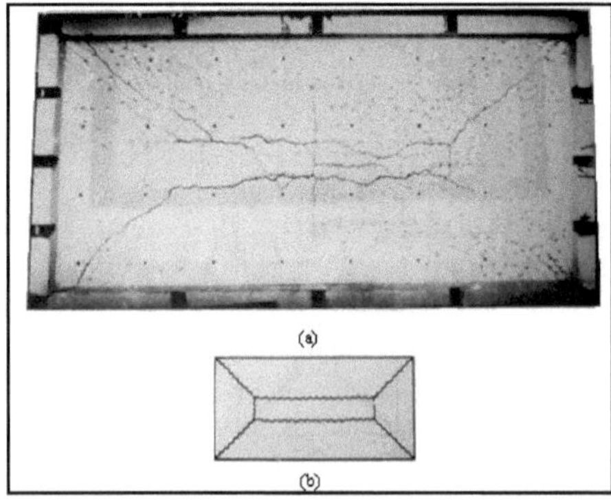

Şekil 30. Açıklık ortasından çizgisel yükle yüklenmiş dikdörtgen bir döşemede gerçek ve idealize plastik mafsal çizgileri [42].

1.6. Plastik Mafsal Çizgileri Yönteminin Avantajları ve Sınırları

Plastik mafsal çizgileri yöntemiyle analiz ve boyutlandırma yapıldığında donatıdan oldukça fazla tasarruf sağlamak mümkün olmaktadır. Şekil 31'de gösterilen döşemenin yarısı elastik analizle, kalan yarısı da plastik mafsal çizgileri ile boyutlandırılmıştır. Şekilden de görülebileceği gibi elastik analizle boyutlandırılan kısma nazaran oldukça az sayıda donatı kullanılmıştır. Bu nedenle de donatı detay çizimleri kolaylaşmakta, buna bağlı olarak projeyi okumak da kolaylaşmakta ve bu yolla imalatın hızlanmaktadır [50].

Şekil 31. Elastik analiz ve plastik mafsal çizgileri yöntemi ile boyutlandırılan döşemeler [50].

Plastik mafsal çizgileri yöntemi, betonarme döşemeler haricinde plastik deformasyon yapabilen metal plaklara da uygulanabilen bir yöntemdir. Döşeme ya da plakların gerçek taşıma kapasiteleri hakkında kullanışlı bilgiler vermekte dolayısıyla da, tasarımcı bu yöntemle döşemedeki moment dağılımını doğrudan kontrol edebilmektedir [46,49,50].

Yöntemin direkt olarak tasarıma uygulanıp uygulanamayacağı hakkında konuda çalışan araştırmacılar arasında bazı ihtilaflar da mevcuttur. Bir kısım araştırmacılar bu yöntemin mükemmel bir tasarım yöntemi olduğunu düşünürken, diğer görüşler de kesinlikle tasarım yöntemi olmadığını ya da elastik analizle birlikte kullanılması gerektiğini savunan görüşler ortaya koymuşlardır [46,50,52] Ancak olumlu taraflarından bakıldığında, işleri oldukça kolaylaştıran, hızlandıran ve "betonarmenin davranışı" hakkında uygulayıcıya fikir veren bir yöntem olduğundan tasarım yapılırken oldukça tercih edilen bir yöntemdir. Plastik mafsal çizgileri yöntemi ile nihai yük taşıma kapasitesi elde edilebilmekte, göçme anındaki sehim değeri, yük gibi kesin biçimde belirlenememektedir [46,49,50,53]. Plastik mafsal çizgileri yöntemi, plakların titreşim analizi problemlerinde, çevrimsel statik ve dinamik yüklerde kullanılamamaktadır. Bunlara karşın tek seferde yapılan ani yüklemelerde kullanılabileceği bazı kaynaklarda belirtilmektedir [41].

1.7. Daha Önce Yapılan Bazı Çalışmalar

Yüksek dayanımlı betonarme döşeme davranışlarının araştırılması için gerçekleştirilen çalışmanın bu bölümünde, yüksek dayanımlı betonlar, plastik mafsal çizgileri yöntemi ve lifli betonlar ile ilgili daha önce yapılan bazı çalışmalar aşağıda özetlenmektedir.

Li ve diğ. [56] tarafından polimer çubuklarla donatılmış kirişsiz beton döşemelerin zımbalama davranışları deneysel olarak araştırılmıştır. Kirişsiz döşemelerin birçok avantajı olduğu belirtilmektedir. Bunlardan birkaçı, binanın genel yüksekliğini azaltması, kiriş olmaması nedeniyle mekanın daha esnek tasarımlara açık olması ve malzeme masraflarının düşmesi olarak sayılabilir. Bu çalışmada zımbalama problemi, döşemelerde polimer çubukların kesme donatısı olarak kullanılması suretiyle incelenmiştir. Döşemeye tersinir tekrarlı düşey yerdeğiştirmeler verilerek problem deneysel olarak araştırılmış, 3 numuneden 1 tanesinde kesme donatısı kullanılmamıştır. Döşemeler, iç açıklıkta var olan plak-kolon birleşimi gibi boyutlandırılarak denenmiştir. 2. döşeme CFRP çubuklarla, son döşeme ise kompozit yapılarda sıkça rastlanılan kayma bağlantılarıyla takviye edilmiştir. Döşeme boyutları 3000x2800x150 mm olup dört kenarından basit mesnetlidir. Zımbalama kesmesi standart elemanda yanal kaçış oranına (lateral drift ratio) gerçekleşmiştir. Yanal kaçış düşey eleman uzunluğunun %5'i civarındadır. Bu oran, CFRP kullanılan plakta, dayanım kaybı olmadan %9'a çıkmakta ve elemanda zımbalama oluşmamaktadır. Deplasman kapasitesi 1,79 kat daha fazla olmakta ve eleman, standart elemana göre %42 daha sünek performans gösterebilmektedir. Bu, neredeyse kayma bağlantısı kullanılan numunenin performansı ile aynıdır.

Rodrigues ve diğ. [57] tarafından yapılan çalışmada 6 adet kesme donatısı kullanılmamış betonarme köprü konsol döşemesi tekil yükler altında denenmiştir. Numunelerin boyutları, mevcut bir köprü tabliyesinin ¾ ölçeğinde olacak şekilde seçilmiştir. Bütün numuneler, tekil yük etkime noktası civarında kesme kırılması ile ânî şekilde göçtüğü belirtilmiştir.

Choi ve diğ. [58] tarafından yapılan çalışmada iç açıklıklarda döşeme-kolon birleşiminin lifli betonarme yapılması durumunda zımbalama kesme davranışı teorik olarak araştırılmıştır. Çelik lif içeren betonarme döşeme-kolon birleşiminde kritik bölgeye etkiyen kesme kuvveti hem basınç bölgesi hem de çekme bölgesince taşınmaktadır. Basınç bölgesindeki kesme kapasitesi kritik bölgedeki kesme ve normal gerilmeler arasındaki etkileşimden yola çıkarak tanımlanmıştır. Çekme bölgesinin kapasitesi ise lifli betonarme bölgenin kırılma sonrası davranışından tanımlanmıştır. Kesme kapasitesi kullanılarak FRC döşeme kolon birleşiminin zımbalaması için yeni bir dayanım belirleme yöntemi sunulmuştur. Sunulan model, deney sonuçları ile kıyaslanmış ve oldukça uyumlu olduğu görülmüştür. Çalışmada ayrıca basitleştirilmiş bir tasarım formülü verilmektedir.

Asamoah ve Kankam [59] tarafından yapılan çalışmada 12 adet tek doğrultuda çalışan basit mesnetli betonarme döşeme üzerinde deneyler gerçekleştirilmiştir. Kullanılan donatı, atık metallerin çekilmesi ile oluşturulmuştur. Deneyin yapıldığı yerde, bu şekilde üretilen çelikler için ortalama kopma dayanımının yumuşak çelik için BS 8110'da öngörülen değer olan 250 N/mm^2 değil de 370 N/mm^2 olmasının istenmesi, çalışmanın sonuçlarından biri olarak verilmektedir. Çalışmada ayrıca, denenen döşeme boyutlarına göre, bu tip çelik kullanıldığında, kırılmaya ve göçmeye karşı güvenlik katsayıları verilmektedir.

Michel ve diğ. [60] deneysel araştırmalarında kompozit malzemelerle takviye edilen betonarme döşemeler için bir göçme kriteri sunmaktadırlar. Öncelikle eğilme durumundaki plastik mafsal çizgileri belirlenmek suretiyle eğilmenin mi yoksa zımbalamanın mı kırılmaya neden olduğunu belirlenmeye çalışılmıştır. Deneysel verilerle analitik model karşılaştırılarak modelin doğruluğu sınanmıştır.

Taylor ve Mullin [61] çalışmalarında FRP ile desteklenmiş betonarme döşemelerde kemerleşme etkisini incelemişlerdir. Beton içindeki donatının korozyonu, tamiri yüksek meblağlar gerektiren ve oldukça zor olan bir zarar türüdür. FRP, yüksek dayanım ve dayanıklılık gösteren ve aynı zamanda da hafif olan bir malzeme olarak bilinip günümüzde yaygın olarak kullanılmaktadır. Ancak FRP çubukların elastisite modülleri çeliğe kıyasla düşüktür. Kenarları ankastre plaklar (örneğin köprü tabliyeleri) kemerleşme (compressive membrane action) sergiler. Bu özelliğin, yapının kullanımı süresinde sehimleri azaltması ya da kapasiteyi yükseltmesi gibi oldukça faydalı tarafları mevcuttur. Çalışmada hem çelik hem GFRP ile donatılmış betonarme döşemeler üzerinde değişken mesnet koşulları altında deneyler gerçekleştirilmiştir. Çalışmanın ana amacı kemerleşme nedeniyle çelik donatı yerine alternatif olarak GFRP kullanılıp kullanılamayacağını göstermek olarak belirlenmiştir.

Bailey ve Toh [62] çalışmalarında 48 adet yatay olarak rijitlenmemiş çift yönlü çalışan betonarme döşemenin davranışlarını normal koşullar altında ve ardışık olarak artan sıcaklıklar altında deneysel olarak araştırmışlardır. Nervürsüz donatı çubuklarından yapılan ağ, donatı olarak kullanılmıştır. Bu ağda hem yumuşak çelik hem de paslanmaz çelik mevcuttur. Ayrıca donatı göz açıklıkları değişken olarak oluşturulmuştur. Ortam sıcaklığında yapılan deneylerde düşük donatı içeren döşemeler, döşemenin ortasındaki donatının kopması ile göçmüştür. Bu göçme, dikdörtgen döşemelerde kısa doğrultuda, kare döşemelerde ise herhamgi bir açıklığa paralel doğrultuda gerçekleşmiştir. Artan donatı oranlarında döşemelerin köşelerinde basınç kırılması gözlenmiştir. Sıcaklığın ardışık olarak artırılması ile devam edilen deneyler göstermiştir ki döşemeler sehimlerin L/12 ile L/6 arasında değiştiği bir aralıkta donatı kopması ile göçmüştür. Sonuçlar, hem normal koşullar altında hem de artan sıcaklıklarda mambran etkileşimin (kemerleşme) kaybolmadığını göstermektedir.

Simmond ve Ghali [63] tarafından hazırlanan çalışmada, betonarme döşemelere uygulanan plastik mafsal çizgileri metodunun temelleri araştırılmıştır. Rutin ofis uygulamaları için tasarım prosedürleri tartışılmıştır. Denge ve enerji yaklaşımlarından her ikisinin avantaj ve dezavantajları belirlenmiş, bunların kullanımına ilişkin bazı tavsiyeler verilmiştir. Yayında bahsedilen tasarım örnekleri düzenli ve düzensiz döşeme sistemlerini kapsamaktadır. Düz döşemelerde, eğilmeden kaynaklanan akma çizgisi saçaklanmaları kolon civarlarında olup, dış cephe panelleri ve kenar kirişlerde de görülmüştür. Elde edilen sonuçlar ACI 318-71 şartnamesindeki minimum koşullarla karşılaştırılmıştır.

Zagottis [64] tarafından hazırlanan çalışmada, plastik mafsal çizgileri yöntemindeki genel denklem ve ifadeler ile plastik mafsal çizgileri teorisine dayanarak enerji metodu ile çözülen izotrop döşemeler incelenmiştir. Bu denklem ve ilişkiler yalnızca çökme mekanizmasının orta düzlem, düzlemsel veya konik olduğu durumlar için bilinmektedir. Bu çalışmada, bu denklemler, herhangi bir şekil veya topolojideki kıvrık (ruled) yüzeyler, tabanın mesnetlenme durumuna göre çıkartılıp birkaç örnek de sunulmuştur.

Gazetas ve Tassios [65] tarafından hazırlanan çalışmada, Winkler zeminine oturan dikdörtgen, dairesel, elasto-plastik betonarme plaklar için bir analiz ve tasarım metodu sunulmuştur. Metod kısaca, plastik mafsal çizgileri teorisinin bir uygulamasından ibaret olup gerçek üst sınır limit yüklerini vermektedir. Oldukça basit ve esnek bir uygulama olup gerçekçi döşeme ve yükleme şartlarına yakındır. Winkler zemini ile ilgili yapılmış çalışmalarla uyum içinde sonuçlar veren dairesel ve merkezi yüklenmiş döşemeler bu yayında mevcuttur. Yine Winkler zeminine oturan elastik yarı düzlemlerin çözümü ile karşılaştırmalar yapılmıştır.

Baumann ve Weisgerber [66] çalışmada, betonarme eğik döşemelerdeki çökme yükünün tahmini için bir plastik mafsal çizgisi metodu geliştirmiştir. Çalışmasında şu kriterleri göz önüne almıştır: 1. Çizgisel yüke maruz (orta düzleminden yüklü) tek doğrultuda çalışan döşeme 2. Tam ortasında yük olan bir döşeme 3. Serbest kenarından yüklü döşeme 4. Serbest köşesinden yüklü döşeme. Her bir durum için malzeme ve geometrik parametreler göz önüne alınarak göçme yükü için bir denklem geliştirilmiştir. Göçme yükünün merkezi ile yük yayılımı "plots" ile gösterilip daha önceki çalışmalarla uygunluğu tartışılmıştır.

Balasubramayam ve Kayanaraman [67] tarafından hazırlanan çalışmada, döşemeler için plastik mafsal çizgileri analizi ve lineer programlama teknikleri birleştirilmiş bir yaklaşımla geliştirilmiş ve çözümü literatürde mevcut olan birkaç problemle karşılaştırılmıştır. Lineer programlama probleminin formülasyonu için kinematik yaklaşım kullanılmıştır. Metot basit ve kullanışlıdır, farklı akma çizgisi tiplerinin araştırılmasına gerek duymaz, gerçek plastik mafsal çizgileri temsili çizgilerle gösterilmiştir. Aynı zamanda bu, matematiksel programlama yoluyla mühendislik plastisite problemlerinin çözümü için bir örnek olmaktadır.

Thavalingam ve diğ.[68] tarafından hazırlanan çalışmada düzgün yayılı yüke maruz izotrop döşemelerdeki plastik mafsal çizgilerinin bilgisayar yardımı ile tahmini üzerinde çalışılmıştır. İlk defa Munro ve De Fonseca tarafından ortaya atılan ve uygulanan bu tür çalışmalarda yapılan iş basitçe, potansiyel plastik mafsal çizgilerinin, döşeme geometrisine göre uydurulan ardışık ağ yapılması (meshing) ile belirlenmesine ve bu yolla döşeme veya tablanın göçme yükünün tahmin edilmesine çalışılmasıdır. Thavalingam ve diğ. ise bu çalışmalarında göçme yükünün daha güvenli tahmini için uygulanan ağın ayarlanmasında kullanılan bir optimizasyon yöntemi üzerinde durmuşlardır. Bir çok uygulama üzerinde de ortaya attıkları fikirlerini desteklemeye çalışmışlardır.

Munro ve De Fonseca [69] tarafından geliştirilen metoda tabla, üçgen elemanlara bölünmekte ve plastik mafsal çizgilerinin bu üçgenlerin sınırlarından geçtiği, bu üçgenleri bölmediği kabul edilmektedir. Lineer programlama (LP) ile bir bilgisayar programı geliştirmişlerdir. Bu çalışmanın yazarları ise Munro ve De Fonseca tarafından geliştirilen programın yarı otomatik bir geometrik optimizasyon tekniğine göre sınamasını yapmışlardır. Metodun yarı otomatik olarak isimlendirilmesinin nedeni ise Munro ve De Fonseca ile aynı optimizasyon tekniğinin kullanılması fakat değişik olarak programın kullanıcısı tarafından daha kritik plastik mafsal çizgisi mekanizmalarının elde edilebilmesi için elemanın üçgenlere bölünmesinin ayarlanabilir olmasıdır. Yazarlar tarafından döşemenin izotrop, yükün ise düzgün yayılı olduğu kabul edilmiştir. Lineer programlama formülasyonunun kullanılabilir olması için şu kabullerin yapılması gerekmektedir.

1. Tabla veya döşemede akma çizgileri boyunca oluşan plastik dönme haricinde herhangi bir deformasyon oluşmaz.
2. Plaklar, düzlemlerinde izotrop kabul edilirler. Ancak, pozitif ve negatif akma momentleri farklı değerler alabilir.
3. Plak üzerindeki yük, düzgün yayılı olarak etkimektedir.

Hillerborg'un [70,71] çalışmalarında sunduğu teknik döşeme için bir tasarım momentleri setinin hem denge hem de plastik akma koşullarını sağlamakta, bir alt sınır veya güvenli bir çözüm olmaktadır. Şerit metodunu ilk defa Hillerborg sunmuştur. Wood ve Armer ise "*The Theory of The Strip Method for Design of Slabs*" isimli çalışmalarında bu bilgilere ek olarak, çözüm yapılırken, şerit momentler ile donatı, bütün döşeme boyunca eşleştirildiğinde şerit metodun gerçeğe çok yakın çözümler verdiğini sunmuşlardır. Fakat Fernando ve Kemp tarafından yapılan çalışmada bazı özel durumlarda (değişik ve karmaşık iç yapı ve geometrili döşemelerde) şerit momentler ile donatı eşleştirmesi yapılsa dahi gerçek sonuçlara ulaşılamadığı belirtilmiştir. Uygulama (yapım) aşamalarında da donatı ile şerit momentlerin eşleştirilmeleri yani donatının söz konusu şerit momentlere göre yerleştirilmeleri oldukça zordur. Böyle bir eşleştirme yapılmasının yerine toplam momentin bertaraf edilmesini sağlayacak bir donatı dağılımı öngörülebileceğini, ancak bu durumun da ekonomiye bağlı olarak kullanılabilirlik performansının üniform yani döşemenin her bölgesinde aynı olamayacağını savunmuşlardır.

Johnson [72] çalışmasında, şerit yaklaşımı ile tasarımı yapılan 14 tip döşemenin, otomatikleştirilmiş plastik mafsal çizgileri metoduna göre analizini yapmış ve betonarme döşemelerde şerit metodunun kullanılmasının güvenliğini buna bağlı olarak irdelemiştir. Denemeye tabi tuttuğu döşeme tiplerinde, şerit metodunun aşırı güvenli tarafta kalan çözümler verdiği sonucuna ulaşmıştır. Sıradan yani dikdörtgen olan döşemelerde şerit metodu yalnızca güvenli olmaktadır ancak düzgün olmayan geometrik özelliklere sahip döşemelerde ise metodun uygulanmasıyla elde edilen sonuçların güvensiz olabileceğine dikkat çekmiştir. Analizde kullandığı döşemeleri sonlu elemanlar tekniği ile üçgenlere ayırmış ve olası akma çizgilerinin bu üçgenler bölmediğini, üçgen elemanların sınırlarından geçtiğini kabul etmiştir.

Famiyesin ve diğ. [73] çalışmalarında, geleneksel plastik mafsal çizgileri metodundan hareketle, farklı kenar mesnetlenme özelliklerindeki dikdörtgen ve iki doğrultuda çalışan, düzgün yayılı yük altındaki betonarme döşemelerin göçme yüklerinin tahmini için denklemler önermişlerdir. Denklemi geliştirirken, bağımsız değişken olarak malzeme özellikleri ve geometrik parametreler alınmıştır. Plastik mafsal çizgisi denklemleri, mambran etkisinin de hesaba katılması için deneysel verilerle kalibre edilmiştir, bu yolla tahmin yapabilme gücünün artırılmasına çalışılmıştır. Denklemlerin, tahmin yapabilme kabiliyetlerine göre değerlendirmesi de yapılmıştır. Yazarlar, denklemleri, kenarların basit mesnetli ve ankastre mesnetli olması durumlarına göre 9 farklı mesnetlenme koşuluna sahip döşeme numunesi ile gerçekleştirmişlerdir.

Aly ve Kennedy [74] tarafından hazırlanan çalışmada, betondan yapılan, yatay eğrilikli döşemeler üzerinde çalışılmıştır. Bu tarz uygulamalara örnek olarak uzun açıklıklı oditoryum ve köprü tabliyeleri söylenebilir. Bu çeşit yapılarda, bazen yapının fonksiyonelliğinden en iyi biçimde faydalanmak için (oditoryumlarda sahne önünde çok sayıda kolon olması durumunun engellenmesi gibi), bazen de yapımdaki imkansızlıklar yüzünden (köprü ayakları yapımı gibi) minimum sayıda mesnetleme olması kaçınılmaz olmakta, bu da yapıya ekstra gevrekliğe neden olmaktadır. Gevrek döşemelerin nihai yük davranışını açıklayabilmek için bir metot sunulmuştur. Sunulan metodun temeli plastik mafsal çizgileri teorisine dayanmaktadır. Öngerilmeli ve geleneksel olarak inşa edilen bu tip yapılar karşılaştırmalı olarak incelenmiştir. İncelemede deney için üretilen elemanlar, düzgün yayılı ve tekil yükle yüklenerek denenmişlerdir.

Denton [75] tarafından yapılan çalışmada, plastik mafsal çizgileri yönteminin betonarme döşemelerin yorulma yükü tahmininde etkili olduğuna değinilmektedir. Bu teorinin uygulanmasında uygunluk mekanizmalarının önemine değinilmiş, plastik mafsal çizgilerinin kesişme noktalarındaki rijit bölgelerde relatif dönmelerin oluşabileceği söylenmiştir. Seçilen plastik mafsal çizgisi deseninin uygunluğunun denetlenmesi üzerine çalışılmıştır.

Gonhert [76] tarafından yapılan çalışmada, eğilme etkisindeki döşemeler için yeni bir sonlu eleman formülasyonu geliştirilmiş ve plastik mafsal çizgisi elemanları üzerinde denenmiştir. Bu yayında, döşemenin göçme yükünün tahmininde yalnızca inelastik teorinin kullanımı tarif edilmiştir. Analiz, elde mevcut verilere yakınsayan sonuçlar elde edilene kadar devam ettirilmiştir. Plastik mafsal çizgileri ve plastik dönmeler, sonlu elemanın süneklik özelliklerinin artırılması ile uygun bir şekilde modellenebilmiştir. Johansen ve Kemp'in analiz metotları ve akma kriterleri, hem izotrop hem de ortotrop donatı dağılım özelliğindeki bu elemanlara uygulanmıştır. Teorinin geçerliliği, Johansen'in plastik mafsal çizgileri analizi ve deneysel sonuçlarla karşılaştırmalı olarak incelenmiştir.

Ramsay ve Johnson [77] tarafından yapılan çalışmada, farklı betonarme döşeme uygulamalarına göre otomatik plastik mafsal çizgileri analizi ve geometrik optimizasyon gerçekleştirilmiştir. Seçilen iki konfigürasyon için deneysel ve teorik sonuçlar karşılaştırmalı olarak incelenmiştir.

Thavalingam ve diğ. [78] tarafından yapılan bir diğer çalışmada, geliştirilen yarı otomatik bir metoda göre döşemelerin rijit-plastik, plastik mafsal çizgileri analizi yapılmakta, bu yolla da göçmeye sebep olan mekanizma durumlarını araştırmaktadır. Lineer programlama kullanılarak Munro ve De Fonseca çözümünün verilen herhangi bir üçgen eleman geometrisine adaptasyonu ve geometrinin değiştirilmesinin etkileri incelenmiştir. Hesap yöntemleri bir algoritma içinde verilmiş algoritma ile ilgili örneklemeler sunulmuştur.

Ho [79] tarafından yapılan çalışmada, elastik davranıştan, göçmeye kadar düzgün yayılı yük ve 4 noktadan tekil yüklü olan, betonarme gevrek döşemeler incelenmiştir. Toplam 20 adet ¼ ve ½ ölçekli betonarme gevrek döşemeler, değişken donatı oranları, donatı ağının değişken gömülülük oranları ve farklı sınır ve mesnetlenme koşulları göz önüne alınarak deneye tabi tutulmuştur. Bu deney numunelerinden elde edilen sonuçlar teorik olarak da analiz edilmiştir. Teorik analiz 3 aşamada gerçekleştirilmiştir. Bunlar, ilk çatlak görülene kadar olan elastik davranış, betonun kırılması ve çeliğin akması sırasında oluşan doğrusal olmayan davranış, göçme anındaki davranıştır. Ayrıca LUSAS paket programı ile ince plak eğilme elemanı ve ızgara eleman modelleri ile bir adet üç boyutlu elastik kırılma modeline göre analiz edilmişlerdir. Bunlara ek olarak, 3 adet göçme yükü tahmin metodu kullanılarak döşemelerin göçme yükünün tahminine çalışılmıştır. Bu metotlar, değiştirilmiş plastik mafsal çizgileri metodu, eşdeğer açık ızgara analizi ve değiştirilmiş şerit metodudur. Deneysel ve teorik çalışmalara dayanarak, betonarme gevrek döşemelerin davranışlarının, betonarme normal döşeme davranışlarına benzediği, gevrek döşemelerin geleneksel olanlara kıyasla, mesnetlerine daha fazla eğilme momenti almaya meyilli oldukları sonucuna varmışlardır. Bu çalışmada ayrıca donatı kesişme noktalarındaki eğilme ve burulma etkileşimleri de incelenmiştir ve sonuç olarak kenarları boş olan döşemelerde, oluşan mambran etkisinin, yük taşıma kapasitesini artırdığı gözlenmiştir.

Sagur [80] tarafından yapılan çalışmada, betonarme döşemelerin ve boşluklu betonarme döşemelerin kompleks davranışlarının belirlenmesi için küçük ölçekli modelleme teknikleri kullanılmıştır. Detaylı bir deneysel araştırma yapılmış ve bu araştırma için 30 adet küçük ölçekli (1/10 ölçeğinde) betonarme döşemeler imal edilmiştir. Bunlardan 8 tanesi donatı oranları değişken geleneksel döşeme tipinde yapılmış (böylelikle üniform izotrop donatı ile şerit metodundan çıkan donatı oranları karşılaştırılmış), ayrıca bu 8 döşemede kesitin üst kısmında yer alan donatı oranlarının değişkenliği de incelenmiştir. Geri kalan 22 döşemede farklı boşluk tipleri, farklı geometrik özelliklerde olacak şekilde denenmiştir. Döşemelerin hepsi düzgün yayılı yük ile deneye tabi tutulmuş ve göçme anına kadar yüklenmiştir. Mevcut analitik sonuçlarla kıyaslandığında deney sonuçlarının daha büyük olduğu, daha büyük yük değerlerinde kırılmaya uğradığı, yani mevcut analitik modellerin bir kısmının aşırı güvenlikli olduğu vurgulanmaktadır. Şerit metodu ve plastik mafsal çizgileri metodu kullanılarak tasarlanan döşemelerden elde edilen sonuçların gerçeğe yakın ve birbiri ile kıyaslanabilir olduğu sonucuna varılmıştır. Boşluklu döşemeler üç farklı boşluk oranına göre üretilmişlerdir. Boşluk oranından kasıt, boşluğun uzunluğunun, döşeme derinliğine oranı olmaktadır. (¼, ½ ve 5/8 oranlarında). ½ değerine kadar döşemenin yük taşıma kapasitesinin fazla azalmadığı gözlenmiştir. Bünyesinde 2 boşluk bulunan ve bu 2 boşluk 3 farklı yerde mevcut olan döşemeler denenmiş, bütün 2 boşluklu döşemelerde, bu boşluklar nedeniyle aşırı dayanım kaybı olmadığı gözlenmiştir.

Niblock [81] tarafından yapılan çalışmada, mambran etkileşim ve betonarme döşemelerin bihai yük taşıma kapasiteleri araştırılarak, bulunanların, düzgün yayılı yüke maruz sürekli döşemelerin daha gerçekçi olarak tasarlanabilmesi için bir temel teşkil etmesi amaçlanmıştır. Deney elemanı olarak tek doğrultuda hem çalışan döşemeler hem de çift doğrultuda çalışan döşemeler kullanılmıştır. Deney sonuçları, yanal güçlendirilmiş deney numunelerinin nihai davranışlarının ve göçme yüklerinin tahmininde kullanılmıştır. Düzgün yayılı yüklü döşemelerin göçme yüklerinin belirlenmesi/tahmininde değiştirilmiş plastik mafsal çizgileri yöntemi de kullanılmıştır. Deneylerde deney numunelerinin yanal ötelenme yapmamaları için sınırlar yanal ötelenmeye karşı rijit olarak mesnetlenmiştir.

Darwish [82] tarafından gerçekleştirilen çalışmada, otoyollarda ve hava alanlarında bulunan, meyilli betonarme döşemelerin ve sürekli betonarme kaplamaların analiz ve tasarımına odaklanılmıştır. Bu tarz döşemelerin az oranda donatılı veya düz olarak tasarlanması yerine, kullanılan donatı aktif bir rol üstlenecek şekilde seçilmiş ve çatlak kontrolü yapabilmek amaçlanmıştır. Donatı, çekme yükünü üstlenecek şekilde yerleştirilmiştir. Bir nonlineer sonlu eleman analiz programı, kontrol yapmak amacı ile geliştirilmiştir. Araştırmada, farklı döşeme özellikleri ve kriterler göz önüne alınmıştır. Bunlar, eleman boyutları, önceden tanımlanmış yükleme ve yük aktarım noktaları, yük pozisyonları, kısmi olarak döşeme-zemin teması, döşemenin nonlineer davranışı (örn: beton çatlaması), iki eksenli gerilme durumunda rijitlik kaybı, çeliğin akması ve çekme etkisinde pekleşmesidir. Analizler sonucunda gerçek davranışın anlaşılmasında, elastik analiz, Plastik mafsal çizgileri teorisi, lineer sonlu eleman hesap programlarının pek gerçekçi olmadığı sonucuna varılmış, sonuçlar ve irdelemeler, beton basınç bloğunun kırılması, çeliğin akması, kesme nedeni ile zımbalama oluşması etkilerine göre tartışılmıştır. Kırılmayı ihmal eden tasarım kriterleri yerine uygun güvenlik faktörleri barındıran çözümler sunulmuştur.

Curry [83] tarafından gerçekleştirilen çalışmada betonarme döşemelerde optimum donatı seçimi için plastik mafsal çizgileri yönteminin kullanılmasının uygunluğu araştırılmıştır. Betonarme döşemede kullanılması gereken donatı miktarı için bir matematiksel algoritma tasarlanmıştır. Bu algoritma, gerçekçi tasarım örnekleri ile test edilmiş ve direkt olarak döşeme tasarımında kullanılan yöntemlerle kıyaslanmıştır. Çalışmada plastik mafsal çizgileri teorisi bir analiz aracı olarak kullanılmıştır. Ayrıca çalışmada plastik mafsal çizgileri yöntemine göre betonarme döşemelerin optimum tasarımı ve döşemeler üzerine araştırmanın gerekliliği üzerine bir tartışma bölümü de mevcuttur. Optimizayonda oluşacak anomali ve karmaşıklıkların giderilmesi için etkili bir çözüm metodu önerilmiş ve OptSD (Optimum Slab Design) isimli bir program da sunulmuştur. Plastik mafsal çizgileri ile bazen aşırı güvenlikli tarafta kalınarak çelik sarfiyatının fazla artmasının bu optimizasyon ile aşağı çekilmesine çalışılmıştır.

Grira [84] tarafından gerçekleştirilen çalışmada, kompozit köprü tabliyeleri üzerinde deneysel araştırmalar gerçekleştirilmiştir. Deney numuneleri 1/3 ölçekte imal edilmiştir. Kesme etkisindeki nihai zımbalama yükü araştırılmış, bunun, yüke maruz alanın şekline, betonun basınç mukavemetine, eğilmeye karşı konulan donatı miktarına ve çelik donatıların inşa sırasında düzgün olarak yerleştirilip yerleştirilmediğine bağlı olduğu vurgulanmıştır. Zımbalama kırılmasının, kırılmanın başladığı yerden/yüzeyden, yüklü alanın kenarından, döşemenin karşı tarafına kadar 22-30^0 açı ile oluştuğunu söylemektedir. Eğilme teorisinin, zımbalama kırılması gibi gevrek davranışları kapsamadığı için bu gibi durumlarda tek başına yetersiz kaldığını, plastik mafsal çizgileri teorisinin de bununla beraber kullanılmasının daha yararlı olacağını savunmuştur. Kayma donatısı olmayan döşemelerin zımbalama sonucu göçmelerine de deneylerde yer verilmiştir. Bunun sonucunda da düz döşemelerin nihai zımbalama yüklerinin tahmini için bir amprik denklem sunulmuştur.

Hüsem [51] tarafından yapılan çalışmada, dikdörtgen kesitli betonarme sıvı depolarının yatay ve düşey şeritler, sonlu elemanlar, plak teorisi temelli katsayılar yöntemi ve plastik mafsal çizgileri yöntemlerine göre analizleri yapılmış, sonuçlar karşılaştırmalı olarak incelenmiştir. Her bölümde, o bölümde anlatılan yöntem ile bir yapısal çözümleme gerçekleştirilmiştir. Çalışmanın plastik mafsal çizgileri ile ilgili olan bölümünde, betonarme plakların davranışında sınır durumlar, göçme şekilleri, plastikleşme kriteri, göçme mekanizmasının araştırılması ve çeşitli mesnetlenme durumlarında izlenen yollar ile ilgili geniş bilgi verilmiş, bölüm, plastik mafsal çizgileri teorisine göre analiz yapan bir program hazırlanarak tamamlanmıştır. Yazarın çalışmasının "ekler" bölümünde plastik mafsal çizgileri teorisine göre hesaplanabilen farklı geometrik yapılardaki bir çok döşeme için moment bağıntıları verilmektedir.

Hüsem ve Durmuş [85] çalışmalarında, dikdörtgen kesitli betonarme sıvı depo duvarlarının döşeme plağı gibi düşünülebileceğini ve hidrostatik yük etkisinde plastik analizinin plastik mafsal çizgileri yöntemi ile yapılabileceğini göstermişlerdir. Depo duvarları dört taraftan mesnetli ve izotrop donatılı döşeme plakları olarak düşünülmüştür. Hazırlanan bilgisayar programı ile plastik mafsal çizgilerinin kesin yerleri belirlenmiştir.

Johnson [86] izotrop donatılı betonarme döşemelerin üniform yük altındaki rijit-plastik akma çizgisi analizini lineer programlama fonksiyonu ile gerçekleştirmiştir. Ardışık lineer yaklaşım ile seçilen plastik mafsal çizgisi desenlerinin uygunluğu araştırılmıştır. Göçme yükü, göçme geometrisinin tahminine çalışılmıştır. Kritik göçme durumunun belirlenmesinin güçlüğüne değinilmiştir.

Johnson [87] lineer programlama teknikleri ile ortotrop donatılı betonarme döşemeler üzerinde rijit plastik akma çizgisi analizi gerçekleştiren alt sınır lineer programlama fonksiyonunu kullanmıştır. Yazar, önerdiği ardışık lineer fonksiyon ile birçok geometrideki döşemeler için akma çizgisi deseni belirlemeye çalışmıştır.

Ramsay ve Johnson [88] bir çok pratik döşeme yapım şekli için plastik mafsal çizgileri analizi ve geometrik optimizasyon teknikleri kullanmışlardır.

Gonhert ve Kemp [89] plakların eğilme etkisinde analizi için yeni bir dört noktakı dikdörtgen eleman sunmuşlardır. Eleman, mevcut non-lineer teoriden faydalanılarak geliştirilmiştir. Momentler ve sehimler bilinmeyen olarak seçilmiştir. Denge denklemleri, plastik mafsal çizgileri denklemlerine burulma momentleri eklenerek virtüel iş yöntemi ile formülize edilmiştir. Çift yönlü (çift eğrilikli döşemelerde) kabul edilebilir doğrulukta sonuçlara ulaşılmıştır

Bauer ve Redwood [90] virtüel iş yaklaşımına dayalı nümerik bir plastik mafsal çizgisi yöntemi sunmuştur. Yöntem, plaklarda geometriye ve kabul edilen göçme mekanizmasına göre akma yükünü hesaplamaktadır. Döşemelerin ve karmaşık geometrideki plakların hesabında kullanılmaktadır. Göçme mekanizması tanımlanıp, dış yükün yaptığı iş, plastik mafsal çizgileri boyunca yapılan iç kuvvetlerin işine eşitlenmektedir.

Foster ve diğ. [91] betonarme döşemelerin büyük sehimler yaparken davranışını belirlemişlerdir. Çalışmada 15 adet küçük ölçekli döşeme, göçme anına kadar yüklenerek büyük sehimler yapması sağlanmıştır. Taşıma kapasitelerinin, plastik mafsal çizgileri ile hesaplanan kapasiteden çok daya yüksek olduğu görülmüştür. Deneylerin amacı, izotropik ve ortotropik donatı kullanımı etkisi, donatının aderansı ve döşemenin yükleme kapasitesinin bulunması olarak belirlenmiştir. Plastik mafsal çizgileri yönteminin, donatı aderansı ve çeşitli ortotrop döşemelerle ilgili yeni düzenlemelere ihtiyacı olduğu yazarlar tarafından söylenmektedir.

Oh ve diğ. [92] beton köprü tabliyelerinde uygulanan yükün doğrultusuna bağlı olarak görülen boyuna veya diyagonal çatlaklar üzerinde çalışmışlardır. Bu tabliyeler güçlendirilecekleri zaman kırılma şekilleri ve sehimlerin göz önüne alınması gerekmektedir. Bu çalışmada karbon lifli levhalar kullanılarak ne kadar etkili oldukları araştırılmıştır. Üretilen altı adet deney numunesi plastik mafsal çizgileri yöntemine, kırılma şekillerine ve yük-deplasman ilişkilerine göre incelenmiştir. Aynı zamanda plastik mafsal çizgileri yöntemiyle göçme yükü tahminleri yapılmıştır.

Akkurt [93] onarım ve güçlendirme görmüş döşemelerin davranışlarını karşılaştırmalı olarak incelemiştir. Çalışmada onarım güçlendirme yöntemleri bir bilgi olarak verildikten sonra üretilen döşeme plakları çeşitli tekniklerle onarılıp güçlendirilmiş ve eğilme deneyleri yapılmıştır. Yük-sehim, rijitlik azalması, süneklik ve enerji tüketme kapasiteleri irdelenmiştir. Tekil yük etkisinde, dört taraftan basit mesnetli döşemeler deneye tabi tutulmuştur. Donatı olarak hasır donatı kullanılmıştır.

Binici ve Bayrak [94] dıştan yerleştirilen karbon lifle güçlendirilmiş polimer etriyelerle kolon-döşeme birleşim bölgelerinde kesme etkisine karşı güçlendirme hedeflenmiş, zımbalama kesmesine karşı %60 kapasite artışı kaydedilmiştir. Bazı deneylerde zımbalama kesmesi, kullanılan bu etriyeler nedeniyle hiç görülmemiştir. Deney numunelerinin kapasiteleri ACI 318-02 ve plastik mafsal çizgileri teorisine göre değerlendirilmiştir. Bu tarz etriyelerin kullanılması oldukça etkili olmaktadır.

Limam ve diğ. [95] betonarme çift doğrultuda çalışan döşemelerin çekme yüzüne karbon lifle güçlendirilmiş plastik (CFRP) şeritler yapıştırarak güçlendirilmesine çalışmıştır. Çalışmanın ilk bölümü deneyseldir. Güçlendirilmiş döşemeler, dışta kalan CFRP şeritlerin kopup ayrılması ile göçmektedir. Çalışmanın ikinci kısmı limit analiz modellemesidir. Güçlendirilmiş döşeme, üç tabakalı plak olarak göz önüne alınmıştır. Basitleştirilmiş tabakalı plak modeli kullanılarak sistem dört taraftan mesnetli ve üç tabakalı olarak modellenmiştir. Modelde, merkezde tekil yük kullanılmıştır. Limit analizin üst sınır teoremi kullanılarak nihai yükleme kapasitesi ve göçme mekanizmaları araştırılmıştır.

Mosallam ve Mosalam [96] donatılı ve donatısız betonarme döşemeleri lifli polimer kompozit (FRP) şeritlerle sarmış ve göçme davranışlarını analitik ve deneysel olarak modellemiştir. Geniş ölçekte üretilen çift yönlü çalışan döşeme numuneleri, üniform yayılı basınca tabi tutulmuştur. Hem karbon epoksi hem de eglass/epoksi sistemler kullanılmıştır. Bu yollarla güçlendirilen döşemelerin davranışlarının tahmininde sonlu elemanlar yöntemi kullanılmıştır. Deneysel sonuçlarla kıyaslama yapılınca hesap sonuçlarının kullanılabilir olduğu görülmektedir. FRP sistemler, onarım uyguamalarında, döşemelerin dayanımını yaklaşık 5 kat artırmaktadır. Montaj uygulamalarında ise donatısız döşemelerde FRP kullanımı kapasiteyi %500, donatılı döşemelerde ise %200 civarında artırmaktadır.

Khaloo ve Afshari [97] eğilme etkisi altında denemek üzere 28 adet çelik lifli betonarme döşeme üretmiştir. Döşemeler farklı beton dayanımlarında olup, çelik liflerin uzunluğu ve hacimsel yüzdelerinin betonarme döşemenin enerji yutma kapasitesine etkileri incelenmiştir. Göz önüne alınan değişkenler, lif uzunluğu, lifin hacimsel yüzdesi ve beton dayanımı olarak belirlenmiştir. Enerji yutma kapasitelerinde önemli ölçüde artış sağlanmış ve bu durum sunulan bir yöntemle değerlendirilmiştir. Ayrıca döşemelerin yük-sehim ilişkisine göre bir tasarım yöntemine de değinilmiştir. Yöntem, sistemin taşıyabileceği Moment-Eğrilik grafiğini tahmin etmektedir.

Barros ve Figueiras [98] toprak zemine oturan çelik lifli betonarme döşemelerin malzeme non-lineerliği analizi için bir model geliştirmişlerdir. Çelik lifin enerji yutma kapasitesi de malzeme ilişkisinde göz önüne alınmıştır. Betonun elasto-plastik davranışı için plastisite teorisinden faydalanılmıştır. Betonun kırılma davranışı bir kırılma modeli ile idealize edilmiş, zemin non-lineer davranışı ise döşemeye dik doğrultuda yer alan yaylar ile modellenmiştir. Döşeme ile zemin arasında temas nedeniyle oluşan kayıplar da göz önüne alınmıştır.

Günaydın [99] tarafından yapılan çalışmada betonarme kalın döşemeler düzgün yayılı yük etkisinde Reissner teorisine göre çalışılmıştır. Çalışmada kenar oranları ve iki doğrultudaki eğilme rijtlikleri oranlarına göre dört taraftan ankastre mesnetli kalın plakların doğrusal davranışı incelenmiştir. Problem sonlu farklar metoduna göre formülize edilip maksimum yer değiştirme ve eğimle momentleri belirlenmiştir.

Saito ve diğ. [100] farklı yükleme hızları ile yüklenen betonarme döşemelerin yükleme kapasitelerini araştırmışlardır. Araştırma, kirişsiz döşeme, kirişli döşeme ve silindirik duvarlarla ilgilidir. Numuneler statik yükleme biçiminde düşük ve yüksek hızlı olarak yüklenmiştir. Hesaplarda, tabakalandırılmış kabuk eleman kullanılarak sonlu eleman analizi ile test sonuçlarına göre yükleme kapasitesi tahmini yapılmıştır. Analiz sonuçları ile deneysel veriler, zımbalama kırılması oluşana dek uyum içerisinde olmaktadır.

Anderheggen ve diğ. [101] çok yüzlü akma yüzeyleri ile ilgilenmişlerdir. Eleman nodal kuvvetleri ile nodal deplasmanlarını genelleştirilmiş gerilme ve şekil değiştirme bileşenleri olarak göz önüne almışlardır. Buradan yola çıkarak döşemelerin nihai yük analizleri ile ilgili bazı örnekler vermişlerdir.

Olsen [102] akma yüzeyinin lineerleştirilmesinin döşemenin yük taşıma kapasitesine etkisini incelemiştir. İdeal plastisitenin alt sınır teoremi lineer matematiksel programlama ile kombine edilip betonarme döşemelere uygulandığında, akma yüzeyinin lineerleştirilmesinin yük taşıma kapasitesine oldukça büyük etkisi vardır.

Pul [13] tarafından gerçekleştirilen çalışmada, doğu Karadeniz bölgesi agregalarıyla yüksek dayanımlı betonlar üretilmiş ve bunların özellikleri diğer beton türleri (geleneksel ve hafif beton) ile karşılaştırmalı olarak incelenmiştir. Çalışmada konuyla ilgili genel bilgiler verilip yüksek dayanımlı, hafif ve geleneksel beton numuneler üretilmiş, bu betonlardan betonarme ve ön gerilmeli beton kirişler yapılıp eğilme deneylerine tabi tutulmuşlardır. Eğilme deneyleri üç noktalı basit kiriş sistemine göre yapılmıştır. Yük-sehim ve yük-birim deformasyon eğrileri verilmekte, karşılaştırma yapılması amacıyla geleneksel, hafif ve yüksek dayanımlı betonarme ve ön gerilmeli beton kirişlerle ilgili sonuçlar aynı grafiğin içinde sunulmaktadır. Üretilen bütün beton türlerinin eğilmede çekme dayanımı, basınç dayanımı ve yarmada çekme dayanımı değerleri tablolarla verilmiştir. Karışımlardaki Su/Çimento oranı 0.25-0.50 arasında geniş bir yelpazede seçilmiştir. Çalışma kapsamında üretilen silindir numunelerin de yük-birim deformasyon eğrileri verilmektedir. Sonuçta, doğu Karadeniz bölümü agregaları ile yüksek dayanımlı betonlar üretilebildiği, bunların kullanılabilir olduğu belirtilmektedir.

Öztekin [14] basit eğime etkisindeki yüksek dayanımlı kirişlerde eşdeğer gerilme bloğu parametrelerini incelemiştir. İlk bölümde konuyla ilgili genel bilgiler verilmiş, mevcut olan gerilme şekil değiştirme modelleri anlatılmıştır. Basınç bloğu parametreleri, daha önceden Pul 59] tarafından belirlenen verilerin kalibrasyonu ile belirlenmiştir. Elde edilen sonuçlar, yüksek dayanımlı betonarme döşemelerin tasarımında izlenen yolun, geleneksel beton ile yapılan yapılara göre farklı olması gerektiğini göstermektedir. Bu, bu tarz betonların gerilme şekil değiştirme modelinin geleneksel betondan farklı olmasının bir sonucu olup, önerilen modelin kullanılabileceği belirtilmektedir.

Öztekin, Pul ve Hüsem [103] yüksek dayanımlı betonlarda dikdörtgen basınç bloğu parametrelerini elde etmişlerdir. 40 Mpa dayanım sınırı altında yer alan betonlar için bir çok kural, formül ve şartname bulunmakla birlikte bu sınırın üzerindeki betonlar hakkında genel kabul görmüş ve fikir birliğine varılmış çok fazla kural bulunmamaktadır. Bu yüzden çalışmada gerilme-şekil değiştirme ve eşdeğer gerilme bloğu parametreleri daha önce Pul 59] tarafından yapılan deneysel çalışmalardan elde edilen verilerin kalibrasyonu ile belirlenmişlerdir. Belirledikleri katsayıların eğilme etkisindeki yüksek dayanımlı betonlarda kullanılabileceğini belirtmişlerdir.

Wu ve diğ. [104] farklı agrega boyutlarının kullanılması durumunda yüksek dayanımlı betonların mekanik özelliklerinin değişimini incelemiştir. Bu mekanik özellikler, basınç dayanımı, yarmada çekme, kırılma tokluğu ve kalın agreganın ayrışma olasılığı olarak belirlenmiştir. Maksimum agrega boyutu olarak 16 mm seçilince basınç ve yarmada çekme dayanımı ile iri agrega ayrışma ihtimali maksimum olmaktadır.

Zhou ve diğ. [105] iri agrega kullanımının, yüksek dayanımlı betonun elastik modülü ve basınç dayanımı üzerindeki etkilerini incelemişlerdir. Üretimler Su/Çimento oranı düşük, her üretimde aynı harç bileşiminde 6 farklı tipte agrega ile yapılmıştır. 7, 28 ve 91 günlük elastik modüller belirlenmiştir. Sonuçta anlaşılmaktadır ki agreganın çok yüksek veya çok düşük elastik modül değerlerinde betonun 28 günlük elastik modülü çok iyi bir şekilde tahmin edilebilmektedir. 28 günden sonraki değişim oldukça azdır.

Khatri ve diğ. [106] farklı özellikteki bağlayıcıların kullanımının yüksek dayanımlı betonun mekanik özellikleri üzerindeki etkisini incelemişlerdir. Genel amaçlı portland çimentoları ve ek olarak kullanılan çimentolu maddelerle yapılan yüksek dayanımlı betonlar, dünya çapında uygulama alanı bulmaktadır. Bu çalışmada, silika füme, uçucu kül ve genel amaçlı portland çimentosu içeren taze betonların mekanik özellikleri incelenmiştir. Kullanılan Su/Bağlayıcı oranı 0.35'e sabitlenmiştir ve bağlayıcı 430 kg/m^3 olarak kullanılmıştır. Çalışmanın amacı, seçilen özel bağlayıcı tipinin uygunluğunu betonun mekanik özelliklerine bağlı olarak test etmektir. Mekanik özellik olarak basınç, eğilme dayanımı, elastik modül ile sünme ve büzülme nedeniyle oluşan birim deformasyonlar belirlenmiştir. Sonuçta silika füme kullanımı ile işlenebilirlik oldukça düşmüş ancak mekanik özelliklerde iyileşme görülmüştür. Yüksek fırın cürufu katkılı çimentoya silika füme eklendiğinde önemli bir etkiye rastlanmamıştır.

Sobolev [107] silis dumanı (silika füme) içeren yüksek dayanımlı betonlarla çalışmıştır. Çimento-silika füme-süper akışkanlaştırıcı sisteminin dayanım özellikleri ve reolojisi sunulmuştur. Deney sonuçlarından görülüyor ki optimal süper akışkanlaştırıcı/silika füme oranı (1/10) çok yoğun bir yapı ve iyi akışkanlık sağlamaktadır. Deneysel sonuçlara göre modeller geliştirilmiştir. Bu modeller, istene basınç dayanımına (en fazla 130 MPa) göre kullanılacak Su/Çimento oranının hesabında ve arzu edilen slump değeri (40-200mm arası) için çimento hamurunun hacminin belirlenmesine yaramaktadır. Modelleme amacıyla betonun slump değeri agraga oranlarının ve çimentonun (hacim ve akıcılık bakımından) fonksiyonu olarak değerlendirilmiştir.

1.8. Çalışmanın Amacı

K.T.Ü. Fen Bilimleri Enstitüsü İnşaat Mühendisliği Anabilim Dalı'nda doktora çalışması olarak gerçekleştirilen bu çalışmanın temel amacı yüksek dayanımlı betonarme döşeme davranışlarının plastik mafsal çizgileri yöntemine göre deneysel ve teorik olarak incelemektir. Bu amaçla yüksek dayanımlı betonla farklı boyutlarda üretilen betonarme döşemeler, farklı mesnetlenme koşulları altında tekil yükleme yapılarak ve elde edilen sonuçlar, boyut ve mesnetlenme koşulları aynı olan geleneksel betonarme döşemelerinkilerle karşılaştırmalı olarak incelenmiştir. Bu döşemelerden, deneysel olarak elde edilen kırılma şekilleri de dikkate alınarak uygun göçme mekanizmaları araştırılmış ve plastik mafsal çizgileri teorisine göre çözümlemeleri yapılmıştır. Ayrıca çalışmada, asal donatı yerine çelik lif kullanılarak bu döşemelerin davranışları da incelenmiştir.

2. YAPILAN ÇALIŞMALAR

Yüksek dayanımlı betonarme döşeme davranışlarının plastik mafsal çizgileri teorisine incelenmesi için gerçekleştirilen çalışmanın bu bölümünde deneylerde kullanılan malzemenin özellikleri ve gerçekleştirilen deneylerle ilgili bilgiler verilmektedir.

2.1. Deneylerde Kullanılan Malzemelerin Özellikleri

2.1.1. Agrega Özellikleri

Kullanılan agreganın granülometrisi Şekil 32'de verilmektedir. Maksimum tane boyutu 16 mm'dir. Gerek yüksek dayanımlı ve gerekse geleneksel betonlarda aynı tür agrega, aynı granülometride kullanılmıştır. Agreganın fiziksel özellikleri ise Tablo 5'te verilmektedir.

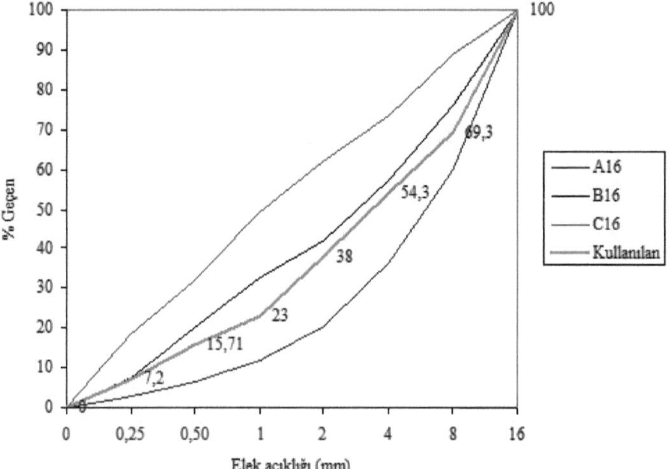

Şekil 32. Agrega granülometrisi

Tablo 5. Agreganın fiziksel özellikleri

Agrega Boyutu	Gevşek birim ağırlık (kg/m^3)	Özgül ağırlık (kg/m^3)		Su emme (%)
		Kuru	Doygun	
İri (>4mm)	1435	2712	2692	0,49
İnce (<4mm)	1486	2668	2685	0,55

Üretilen betonların bileşim hesabı TS 802 [108]'de belirtilen mutlak hacim yöntemi kullanılarak yapılmıştır. Buna göre, W_c, W_a, V_w, V_h sırasıyla, yerine yerleştirilmiş 1 m^3 betondaki çimento miktarını (kg/m^3), agrega miktarını (kg/m^3), su hacmini (dm^3), hava miktarını (dm^3) göstermektedir. γ_c çimentonun özgül kütlesini, γ_a ise agreganın doygun kuru yüzeyli özgül kütlelerini göstermektedir (kg/dm^3). Bu bilgiler ışığında 1 m^3 beton için mutlak hacim,

$$\frac{W_a}{\gamma_a} = 1000 - \left(\frac{W_c}{\gamma_c} + V_w + V_h\right) \tag{46}$$

şeklinde ifade edilebilir. Bu agreganın gerçekte i adet ayrı agrega dane sınıfını içerdiği dikkate alınırsa, bu durumda, β_i ve γ_{ai}, her bir dane sınıfının kütlece oranı ile birim kütlelerini göstermek üzere, gerçek durumdaki agrega miktarı,

$$\sum\left(\frac{\beta_i W_a}{\gamma_{ai}}\right) = 1000 - \left(\frac{W_c}{\gamma_c} + V_w + V_h\right) \tag{47}$$

bağıntısı ile belirlenebilmektedir. Burada söz edilen agrega miktarı, doygun kuru yüzeyli agrega miktarıdır. Buradan, doğal nem durumundaki agrega miktarına geçmek için, SE ve DN sırasıyla, agreganın su emme ve doğal nem oranlarını göstermek üzere,

$$DS = (SE - DN)W_a \tag{48}$$

bağıntısı ile hesaplanan doyma suyu miktarını (kg/m^3), yukarıdaki 1 nolu bağıntı ile belirlenen W_a değerinden eksiltmek ya da artırmak gerekmektedir. Agrega miktarı (46) bağıntısı ile hesaplandığı takdirde, doyma suyunun da buna bağlı olarak, her bir agrega dane sınıfı için hesaplanması, dolayısı ile doyma suyu miktarının,

$$DS = \sum[(SE)_i - (DN)_i]W_{ai} \tag{49}$$

olması gerekmektedir.

Agrega oranları, çimento dozu, mineral katkı maddesi ilavesi, S/Ç oranı gibi birçok parametre değiştirilerek, hedeflenen basınç dayanımı kriterine göre deneme karışımları yapılaral Tablo 6'da verilen karışım oranlarına karar verilmiştir. Agregalar için yapılan su emme deneyi sonucunda, su emme kapasiteleri ortalama % 1.52 olarak belirlenmiştir. Bu miktar, karışım yapılırken, karışım suyuna ilave edilmiştir.

Tablo 6. Beton karışım oranları

Beton	Çimento Tipi	Çimento dozajı (kg/m^3)	S/Ç	Agrega (kg/m^3)	Silis Dumanı (kg/m^3)	Katkı %	Doyma Suyu %	Lif Oranı %
Yüksek Dayanımlı	Cem I 42,5 R	500	0,30	1737	50	2	1,52	-
Geleneksel	Cem III 32,5R	350	0,50	1737	-	2	1,52	-
Lifli Yüksek Dayanımlı	Cem I 42,5 R	500	0,30	1737	50	2	1,52	0,50 1,00
Lifli Geleneksel	Cem III 32,5R	350	0,50	1737	-	2	1,52	0,50 1,00

Deney numunelerinin üretiminde 120 litre kapasiteli eğik eksenli betoniyer kullanılmıştır (Şekil 33). Önceden 3 sınıfa ayrılarak istiflenen agregalar, bileşimde öngörülen ağırlıkça yüzde miktarlarına göre tartılarak betoniyere yerleştirilmiş ve 2-3 dakika boyunca herhangi bir ilave yapılmadan karıştırılmıştır. Karıştırma işlemi devam ederken agrega doyma suyu ilave edilmiştir. Bundan sonra da sırasıyla yüksek dayanımlı betonlar için mineral katkı maddesi olarak silis dumanı, çimento ve karma suyu ilave edilmiştir. Karışımda kimyasal katkı maddesi olarak kullanılan süperakışkanlaştırıcı (YKS Rheobuild 1000) karma suyuna ilave edilmiştir. Lifli beton üretimlerinde çelik lif betoniyer çalışırken karışıma doğrudan ilave edilmiştir. İstenen beton tipi için bütün malzemelerin betoniyere yerleştirilmesi bittiğinde ise ilave olarak bir 3 dakika daha karıştırılma sağlanmış, bundan sonra hazırlanan beton önce şahit numune almak için uygun şekilde yağlanmış silindir kalıplara, daha sonra da döşeme kalıplarına yerleştirilmiştir. Silindir kalıplar üç aşamada doldurulmuş, her bir aşamada 2800 d/dk frekanslı sarsma tablasında 15 saniye titreşime tâbi tutularak sıkılanmıştır. Döküldükten 24 saat sonra kalıplarından çıkarılan silindir numuneler 28 gün boyunca kür havuzunda, sıcaklığı 21 $\mp$3 °C olan su içinde bekletilmiş, daha sonra bağıl nemi %60 $\mp$ 5 ve sıcaklığı 20 $\mp$3 °C olan laboratuar ortamında deney anına kadar bekletilmiştir. Deneyler, deney programındaki aksaklıkların giderilmesi amacıyla 40. günde gerçekleştirilmiştir.

Şekil 33. Betonların karılmasında kullanılan betoniyer

2.1.2. Betonların Üretimi

Deney numunelerinin üretiminde kullanılan betonlardan, her üretimde 3 adet standart silindir şahit numune alınmış ve eksenel basınç deneyine tabi tutularak bunların dayanımları belirlenmiştir. Standart silindir numunelerin dayanımlarının belirlenmesinde 2500 kN kapasiteli, bilgisayar kontrollü, sabit yükleme hızıyla yükleme yapabilen bir pres kullanılmıştır (Şekil 34). Deneye hazırlanmış bir numune ise Şekil 35'de verilmektedir.

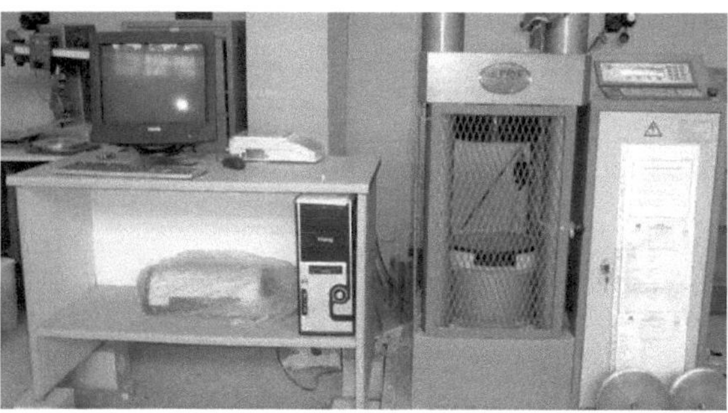

Şekil 34. Basınç deneylerinin yapıldığı deney aleti

Şekil 35. Eksenel basınç deneyine tabi tutulan silindirlerden birisi

2.1.3. Donatı Özellikleri

Yüksek dayanımlı betonarme döşemelerin davranışları ile geleneksel döşemelerin davranışlarının, çelik lif, donatı, boyut ve farklı mesnetlenmeler yönünden incelenmesini hedefleyen bu çalışmada kullanılan donatılar 8 mm çaplı, nervürlü inşaat çeliği olarak seçilmiştir. Kullanılan çelik üzerinde 600 kN kapasiteli deney aleti ile (Şekil 36) TS 138 EN 10002-1 [109] ve TS 708 [110]'e uygun olarak merkezi çekme deneyi gerçekleştirilmiş, elde edilen sonuçlar Tablo 7'de verilmiştir.

Tablo 7. Donatının mekanik özellikleri

Çap (mm)	Ortalama Çekme Dayanımı (N/mm^2)	Ortalama Akma Dayanımı (N/mm^2)	Kopma Uzaması(%)
8	619	430	21

Şekil 36. Üniversal deney aleti

2.1.4. Çelik Lif Özellikleri

Kullanılan çelik lif, Beksa firması tarafından üretilen RC 80/60 kod numaralı liftir. Çalışmada yalnızca bir tip lif kullanılmıştır. Çelik lifin özellikleri Tablo 8'de, biçimleri ise Şekil 37'de verilmektedir.

Tablo 8. Beton üretimlerinde kullanılan çelik lifin özellikleri

Lif tipi	Uzunluk (mm)	Çap (mm)	Görünüm oranı (boy/çap)	Birim ağırlık (g/cm^3)	Çekme dayanımı (MPa)
RC 80/60	60	0,75	80	7,85	1100

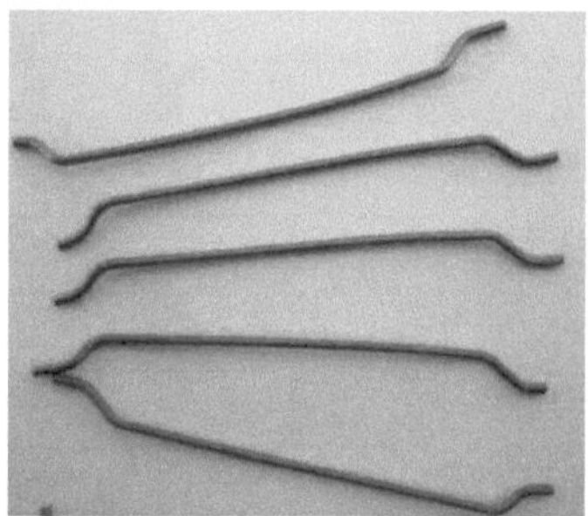

Şekil 37. Çelik lifler

2.2. Deney Numuneleri ve Üretimi

2.2.1. Deney Numuneleri ve Deney Planı

Bu çalışma kapsamında tasarlanan döşeme tipleri, döşeme boyutları ile birlikte Tablo 9'da verilmektedir. Deneylerde uygulanması planlanan mesnet koşulları aşağıda verilmektedir.

(I) Bütün kenarlar ankastre (A)

(II) Bütün kenarlar basit mesnetli(B)

(III) Komşu kenarlar aynı türden mesnetli(K)

(IV) Paralel (karşılıklı) kenarlar aynı türden mesnetli(P)

Tablo 9. Betonarme döşemeler için deney planı

Mesnet türü	Boyutlar(mm)	Yüksek dayanımlı	Geleneksel	Donatı
A Bütün kenarlar ankastre	1000x1000x80	A8	-	$\phi 8/200d+\phi 8/200p$
	900x900x40	A4-V	-	$\phi 8/50$
	900x900x40	A4	AG4	$\phi 8/100$
	900x900x40	A4-XV	-	$\phi 8/150$
	900x1300x40	AD4	AGD4	$\phi 8/100$
	1300x1300x40	AB4	AGB4	$\phi 8/100$
B Bütün kenarlar basit mesnetli	1000x1000x80	B8	-	$\phi 8/200d+\phi 8/200p$
	900x900x40	B4-V	-	$\phi 8/50$
	900x900x40	B4	-	$\phi 8/100$
	900x900x40	B4-XV	-	$\phi 8/150$
	900x1300x40	BD4	-	$\phi 8/100$
	1300x1300x40	BB4	-	$\phi 8/100$
K Komşu kenarlar türdeş	1000x1000x80	K8	-	$\phi 8/200d+\phi 8/200p$
	900x900x40	K4-V	-	$\phi 8/50$
	900x900x40	K4	-	$\phi 8/100$
	900x900x40	K4-XV	-	$\phi 8/150$
	900x1300x40	KD4	-	$\phi 8/100$
	1300x1300x40	KB4	-	$\phi 8/100$
P Paralel kenarlar türdeş	1000x1000x80	P8	-	$\phi 8/200d+\phi 8/200p$
	900x900x40	P4-V	-	$\phi 8/50$
	900x900x40	P4	-	$\phi 8/100$
	900x900x40	P4-XV	-	$\phi 8/150$
	900x1300x40	PD4I	-	$\phi 8/100$
	900x1300x40	PD4II	-	$\phi 8/100$
	1000x1000x80	PB4	-	$\phi 8/100$

Döşemelerin gruplandırılması sırasıyla mesnetlenme biçimine, boyutuna ve kalınlığına göre yapılmıştır. 900x900x40 mm'den büyük boyutlu döşemelere ayrıca bir isim daha verilmiştir. 900x1300x40 mm boyutlu dikdörtgen döşemeler için "D", 1300x1300x40 mm boyutlu büyük kare döşemeler içinse "B" harfi kullanılmıştır. Araştırmanın bu kısmı 100 mm donatı aralığı temel alınarak yapıldığı için 50 ve 150 mm donatı aralıklı döşemeler ayrı bir şekilde "V" ve "XV" olarak adlandırılmıştır. Paralel kenarların türdeş olduğu döşemelerde, dikdörtgen döşemeler için kare döşemelerden farklı olarak 5 farklı kombinasyon mevcut olmaktadır. Bu fark, kısa kenarların ya da uzun kenarların ankastre olup olmamasından kaynaklanmaktadır. Kısa kenarların türdeş olduğu durum "PD4I" ; uzun kenarların ankastre olduğu durum ise "PD4II" olarak adlandırılmıştır. Toplamda 25 adet yüksek performanslı betonarme döşeme ve 3 adet de geleneksel betonarme döşeme üretilmiş olup, çalışma kapsamında üretilen betonarme döşeme sayısı 28'dir. Betonarme döşemeler dışında çelik lif katkılı beton döşemelerin davranışları da çalışmada incelenmiştir. Bu amaçla aşağıda verilen deney planına uygun olarak çelik lifli beton döşemeler, hem yüksek performanslı hem de geleneksel beton kullanılarak 3 farklı lif oranında üretilip deneye tabi tutulmuştur (Tablo 10).

Tablo 10. Çelik lifli döşemeler için deney planı

Mesnet tipi	Boyutlar(mm)	Yüksek dayanımlı	Geleneksel	Lif içeriği (%)
A Bütün kenarlar ankastre	900x900x40	AL4	AGL4	0,50
	1300x1300x40	ALB4	AGLB4	
	900x900x40	AL4I	AGL4I	1,0
	1300x1300x40	ALB4I	AGLB4I	

Çelik lifli döşemeler de tıpkı geleneksel betonarme döşemeler gibi yalnızca bütün kenarların ankastre olduğu mesnetlenme şekline göre incelenmiştir. Bu grupta yapılan üretim adedi 8'dir. Bu çalışma kapsamında toplam 36 adet döşeme üretilmiştir.

2.2.2. Donatı Planı

Bu çalışma kapsamında kalınlığı 80 mm olarak imal edilen döşemelerde $\phi 8/200$ düz ve $\phi 8/200$ pilye kullanılmıştır. Geleneksel ve yüksek dayanımlı betonla üretilen 40 mm kalınlığındaki döşemelerde ise $\phi 8/100$ donatı ızgarası kullanılmıştır. Şekil 38'de 80 mm kalınlığındaki döşemedeki donatı örgüsü verilmektedir. Yüksek dayanımlı beton kullanılarak donatı aralıkları her iki doğrultuda 50 mm ve 150 mm olan 900x900x40 mm boyutlarında döşemeler üretilmiştir.

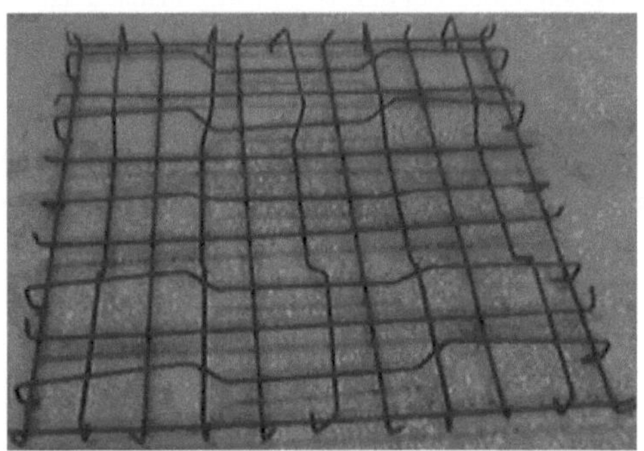

Şekil 38. Deneylerdeki donatı örgülerinden biri

2.2.3. Kalıplar ve Ankraj Boşlukları

Döşemelerin üretiminde kullanılan kalıplardan birisi Şekil 39'da örnek olarak verilmektedir. Hazırlanan kalıplarda döşemelerin deney sistemine yerleştirilebilmesi için mesnetleme yapılan kenarlar boyunca 400 mm aralıklarla çelik borular döşeme kalınlığı kadar kesilip yerleştirilmiştir (Şekil 39). Bazı deney numunelerinde ise beton dökümünden sonra karot alınmak suretiyle boşluklar bırakılmıştır (Şekil 40).

Şekil 39. Döşeme kalıbı ve ankraj boşluklarının önceden bırakılması

Şekil 40. Döşemelerde karot alınarak delik açılması

Kalıbı bu şekilde hazırlanan döşemenin içerisine donatısı yerleştirilmiştir. Önceden hazırlanan ağ şeklindeki donatı, boşluk için bırakılan çelik borulara rastladığı yerlerde kesilmiştir (Şekil 41). Bu şekilde hazırlanan deney numunelerinden birinin beton dökülmeden önceki hali Şekil 42'de görülmektedir.

Şekil 41. Donatı yerleştirilmesi

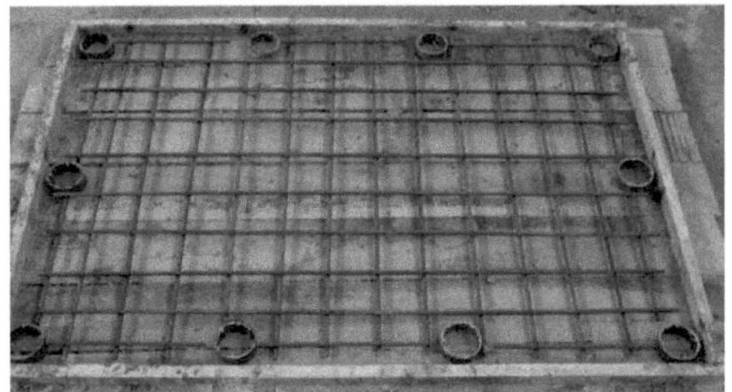

Şekil 42. Üretimden önceki durum

2.2.4. Beton Üretimi ve Döşemelerin Kürü

Kalıpları ve donatıları hazırlanan deney numunelerinin (döşemelerin) üretiminde daha önce belirtildiği gibi hazırlanan beton kalıplara yerleştirilmiş ve yüzey vibrasyonu uygulanarak yüzeyi düzlenmiştir. Deney numuneleri, priz sırasında rötre etkilerini azaltmak için üretimden birkaç saat sonra ıslak çuvallarla örtülerek bekletilmiş ve 3 gün sonra kalıplarından çıkartılmışlardır. Bundan sonra da 28 gün boyunca üzerileri sürekli ıslak kalacak şekilde sarılarak laboratuar ortamında muhafaza edilmişlerdir. Deneyler 40. günde gerçekleştirilmiştir.

2.3. Deney Düzeneği ve Ölçüm Sistemleri

2.3.1. Mesnetler ve Sehim Ölçümleri

Bu çalışmada, çalışma kapsamına uygun olarak üretilen döşemelerin farklı mesnet koşulları altında davranışını incelemek için Şekil 43 ve Şekil 44'te verildiği gibi mesnetlenme uygulanmış ve bu mesnetler aracılığı ile döşemeler deneye hazırlanmıştır. Şekil 43'te bir kenar boyunca basit mesnet teşkili verilmektedir. Bu durumda, döşemenin oturduğu kenarda bir miktar boşluk bırakılarak kenarın serbestçe dönmesi sağlanmıştır. Döşeme farklı uzunluklarda çelik profillere oturduğu için simetrik noktalarda ölçümler yapılarak mesnetlenmelerin, söz konusu sehimleri ne kadar değiştirdiği belirlenmeye çalışılmıştır.

Şekil 43. Basit mesnet

Denenen diğer mesnetlenme şekli ise ankastre mesnettir. Bu mesnetlenme türünde kenarın serbestçe dönmesi mümkün olduğunca azaltılmaya çalışılmıştır. Plak, altından ve üstünden, kenar uzunluğu boyunca U 140 profilleri ile sıkıştırılmıştır. Ankastre mesnet Şekil 44'te görülmektedir.

Şekil 44. Ankastre mesnet

Bu şekilde kenarlardaki dönmeleri azaltılan döşemeler için ankastre mesnet denenen her kenarda mesnet dönmeleri ölçülmüştür. Mesnetlerin alttan ve üstten cıvatalarla sıkılı olduklarından düşey olarak deplasman yapmadığı, ancak mesnetleme yapılan yer etrafında az da olsa dönebileceği düşünülmüştür. Bu nedenle mesnetlerdeki dönmeler, profil kenarından 25 mm mesafeye yerleştirilen LPDT yardımıyla belirlenmiştir. Bu ölçümün yapılış şekli Şekil 45'te verilmektedir. Kaydedilen ölçümler 1 mm'nin altındadır.

Şekil 45. Mesnet dönmesi ölçümleri

900x900 mm ölçülerindeki plaklarda ölçüm sisteminde kullanılan LPDT'ler (sehim ölçer), döşemede oluşacak sehimleri ölçebilmek amacıyla döşeme açıklık ortasında, 1 tane ve açıklığın ¼ noktalarında da birer tane olacak şekilde yerleştirilmiştir.

Döşemelerde hem basit mesnetli hem de ankastre mesnet teşkillerinde farklı uzunluklarda mesnetlemeler yapılarak, sehimlerdeki sapmalar ve mesnet dönmeleri araştırılmıştır. Her iki doğrultudaki serbest açıklığı 660 mm olan döşemelerde (900x900 ve 1000x1000 mm boyutlu döşemeler) toplam 5 farklı noktadan ölçümler gerçekleştirilmiştir. 900x1300 mm boyutlu dikdörtgen döşemelerde ise sehim ölçer yerleşimi yine aynı şekildedir. Ancak bu döşemelerde uzun açıklık doğrultusunda 2 adet ek sehim ölçer, 900x900'lık döşemenin L/4 noktalarındaki gibi kullanılmış ve bu yolla sehim ölçer sayısı 7'ye çıkarılmıştır. Aynı durum, 1300x1300 mm'lik döşemeler için de geçerlidir. Yalnız bu döşemelerde ek sehim ölçerler her iki doğrultuda yer almış olup, toplam 9 farklı noktadan döşeme sehimleri ölçülmüştür. Serbest açıklığı 660x660 mm olan plakların denenebilmesi için hazırlanmış olan sistemin ölçüleri Şekil 46'da verilmektedir. Açıklık ortasına yerleştirilen sehim ölçer "M" harfi ile gösterilmiştir.

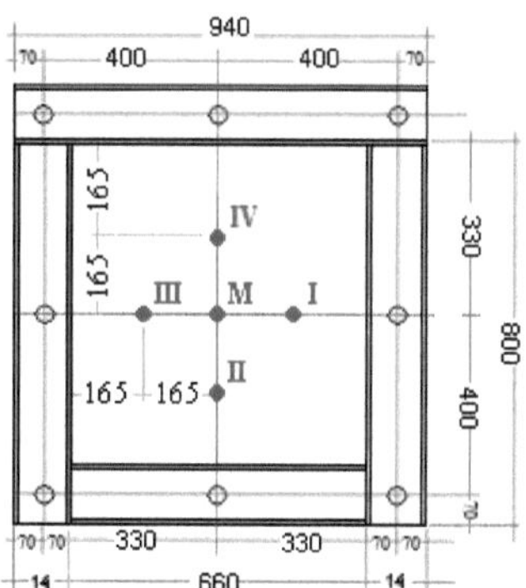

Şekil 46. Serbest açıklığı 660x660 mm olan döşemeler için sehim ölçüm noktaları (I.Tip)

I. tip plaklar üzerinde planlanan deneyler gerçekleştirildikten sonra büyük boyutlu döşemeler için mesnet uzunlukları artırılmıştır. II. tip plaklar için hazırlanan sistemin üstten görünüşü ve ölçüleri Şekil 47'de verilmektedir. Bu döşemelerde yalnızca serbest açıklığın ¼ noktalarındaki sehim ölçer numaraları ardışık olarak verilmiştir.

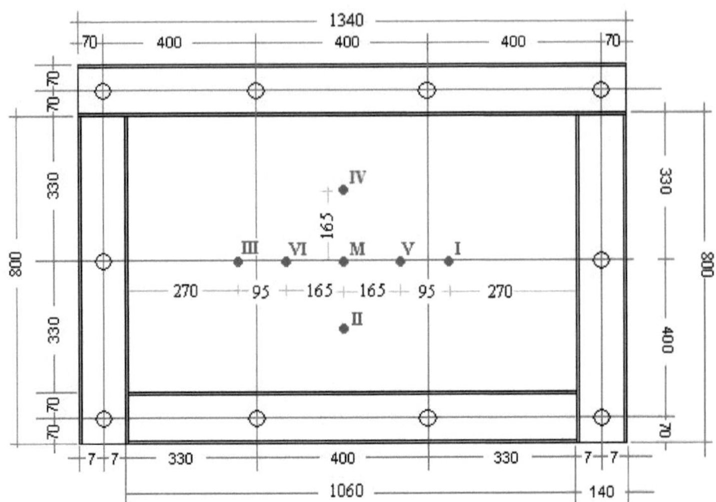

Şekil 47. Serbest açıklığı 660x1060 mm boyutlarındaki döşemeler için sehim ölçüm noktaları (II. Tip)

III. tip döşemeler için hazırlanan sistemin üstten görünüşü, dıştan dışa ölçüleri 1340x1340 mm boyutlarındaki döşemelere ait sehim ölçer diziliş şeması ile birlikte Şekil 48'de verilmektedir.

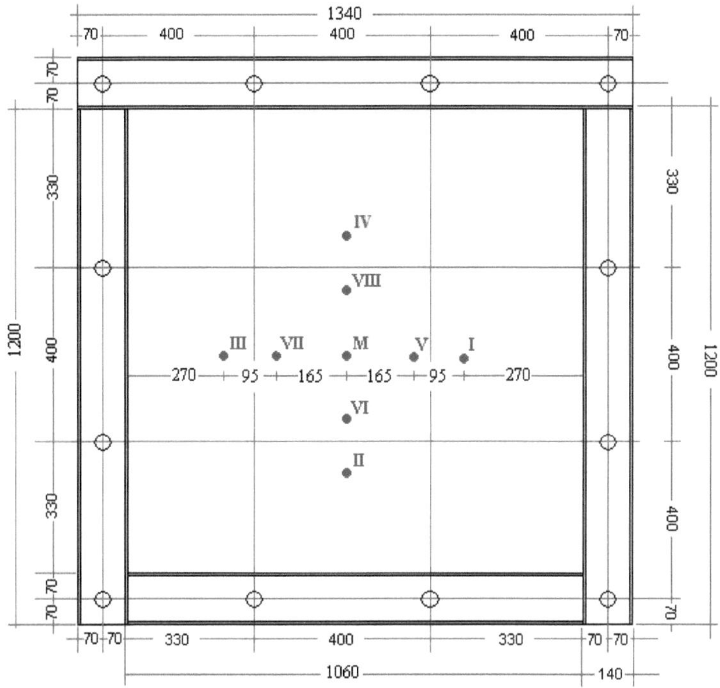

Şekil 48. Serbest açıklığı 1060x1060 mm boyutlarındaki döşemeler için sehim ölçüm noktaları (III. Tip)

Komşu kenarların türdeş olarak denendiği döşemelerde iki bitişik kenar aynı türdendir. Buna göre, komşu kenarlardan ikisi ankastre iken diğer ikisi basit mesnetli olmaktadır. Ancak ankastre ve basit mesnetli döşemeler için (A ve B serileri) geçerli olan mesnet özellikleri burada da aynen geçerlidir. Zira K ve P serilerinde de mesnetleme amacıyla aynı profiller kullanılmıştır. Deneylerin tümünde mesnetleme yapılmayan bir kenar yoktur. Başka bir deyişle kenarlar ya ankastre ya da basit mesnetlidir. Komşu kenarların aynı türden mesnetlere sahip olduğu "K" serisi döşemeler için kullanılan profil dizilimi, Şekil 49'da verilmektedir. Üstte yer alan profiller basit mesnetli olarak denenen döşemeler ile aynıdır. Altta yer alan profiller ise iki komşu kenarda, döşeme arada kalacak şekilde sıkıştırılarak kullanılmıştır. Basit mesnetli kenarlarda ise profile serbestçe oturmaktadır. Komşu kenarı ve paralel (karşılıklı) kenarları türdeş döşemelerde anılan ölçüler 3 farklı döşeme tipi için sırasıyla Şekil 49, Şekil 50, Şekil 51, Şekil 52, Şekil 53, Şekil 54, Şekil 55'te verilmektedir.

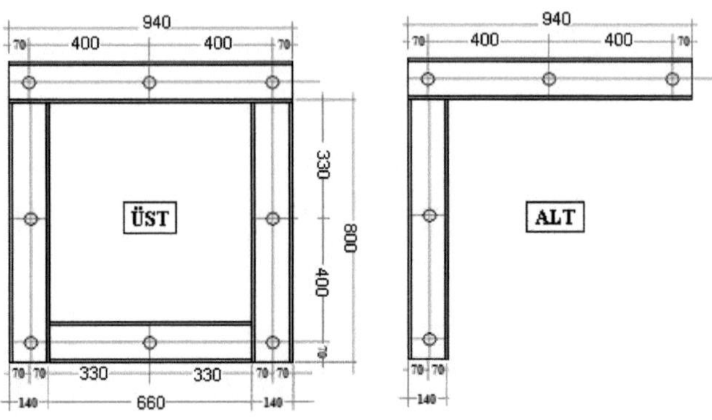

Şekil 49. Serbest açıklığı 660 mm olan döşemeler için komşu kenarı türdeş mesnetlenmeler

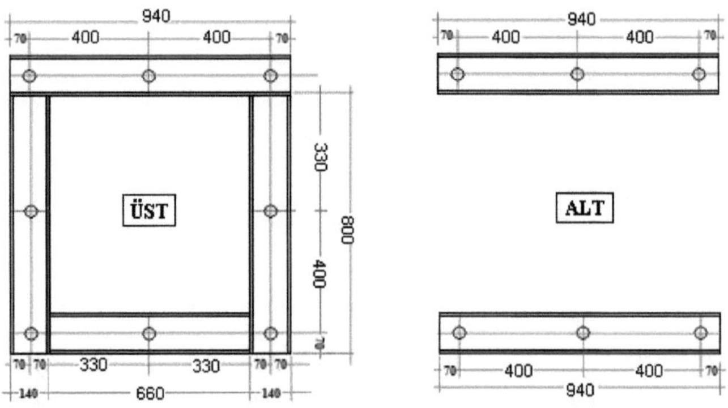

Şekil 50. Serbest açıklığı 660 mm olan döşemeler için paralel kenarı türdeş mesnetlenmeler

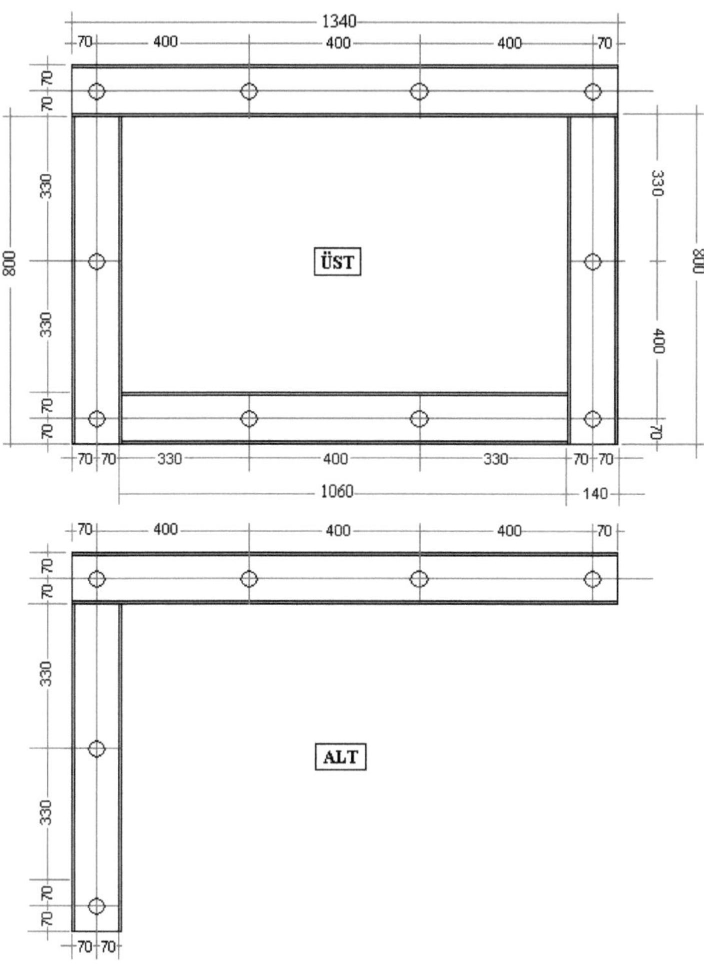

Şekil 51. Serbest açıklığı 660x1060 mm olan döşemeler için komşu kenarı türdeş mesnetlenmeler

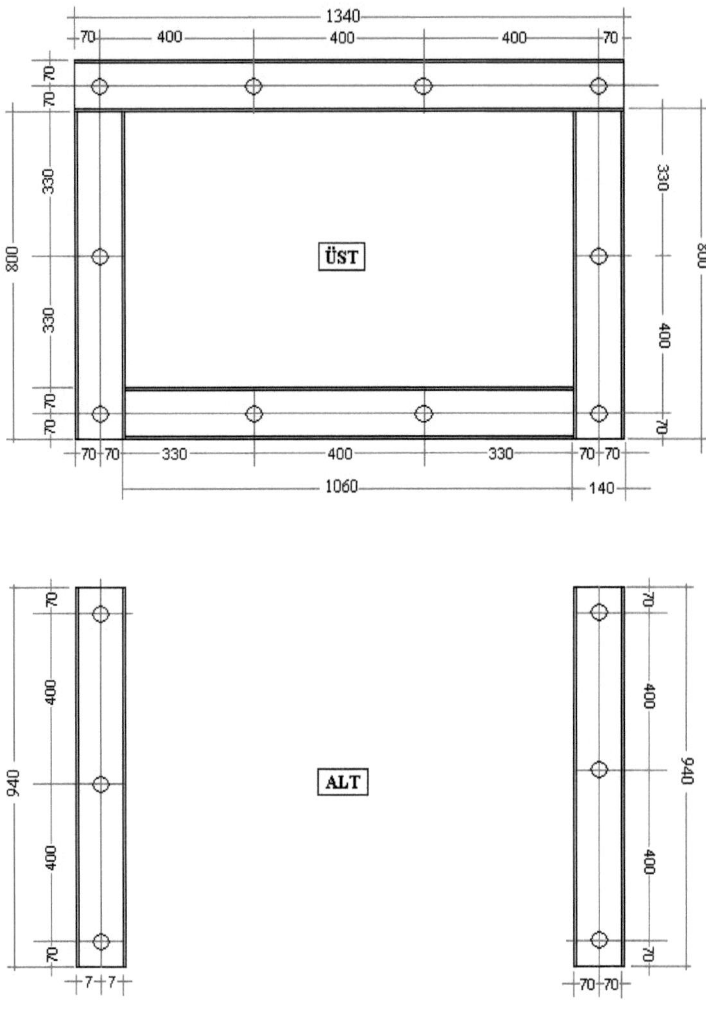

Şekil 52. Serbest açıklığı 660x1060 mm olan döşemeler için paralel kenarı türdeş mesnetlenmeler – I (Kısa kenar ankastre)

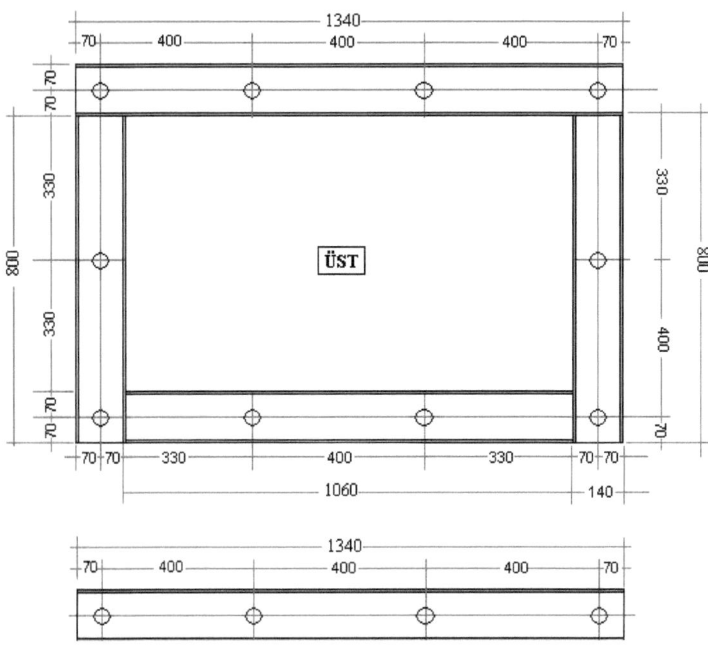

ALT

Şekil 53. Serbest açıklığı 660x1060 mm olan döşemeler için paralel kenarı türdeş mesnetlenmeler – II (Uzun kenar ankastre)

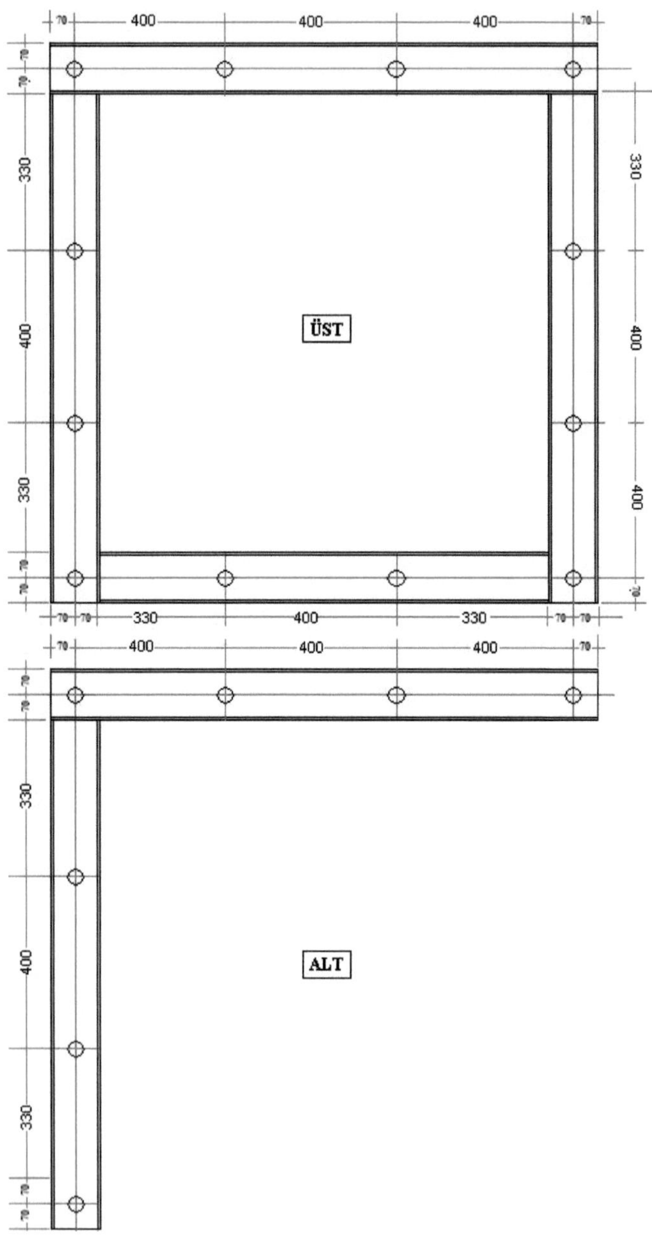

Şekil 54. Serbest açıklığı 1060x1060 mm olan döşemeler için komşu kenarı türdeş mesnetlenmeler

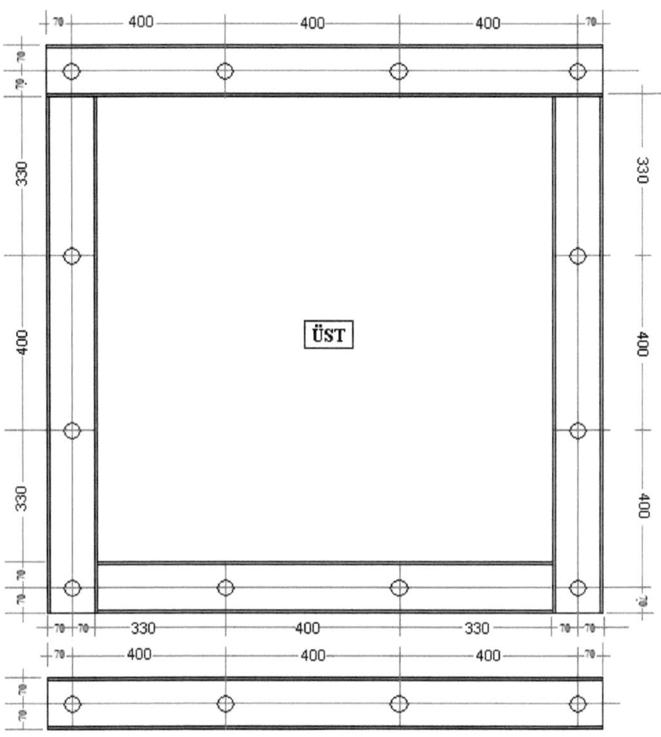

ALT

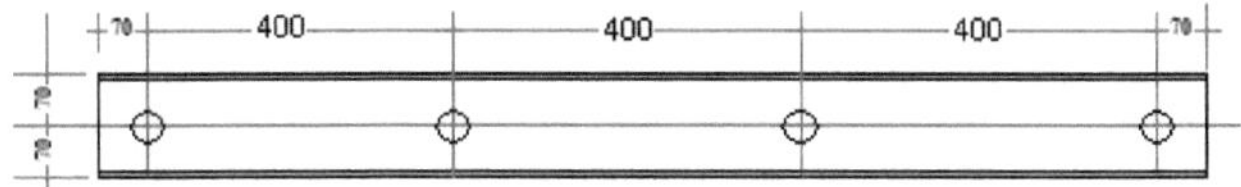

Şekil 55. Serbest açıklığı 1060x1060 mm olan döşemeler için paralel kenarı türdeş mesnetlenmeler

Şekil 56'da ise deney düzeneğinin yandan şematik görünüşü verilmektedir. Deneylerde kullanılan platform 2004 yılında K.T.Ü. Yapı ve Malzeme Laboratuarında inşa edilen dayanma duvarının alt yüzeyidir. Platform üzerindeki ankraj deliklerinin aralıkları 400 mm'dir. Deney sistemi de 400 mm'de bir ankraj çubuğu kullanmak suretiyle yerine yerleştirilmiş olup üzerinde açılan deliklerle bu çubuklara yerleştirilen U 140 çelik profilleri kullanılarak döşemeler üzerinde deneylerin gerçekleştirileceği deney sistemi hazırlanmıştır. Altta yer alan U 140 profillerinin kullanılış amaçları, ankraj çubukları ile bu çubukların yerleştirildiği delik çapı arasındaki yaklaşık 6 mm'lik farktan dolayı oluşabilecek kaymaların önüne geçmek olarak belirlenmiştir. Döşemenin üzerine oturduğu profiller ile altta yer alan profiller arasındaki bağlantılar Şekil 57'deki gibi yapılmıştır.

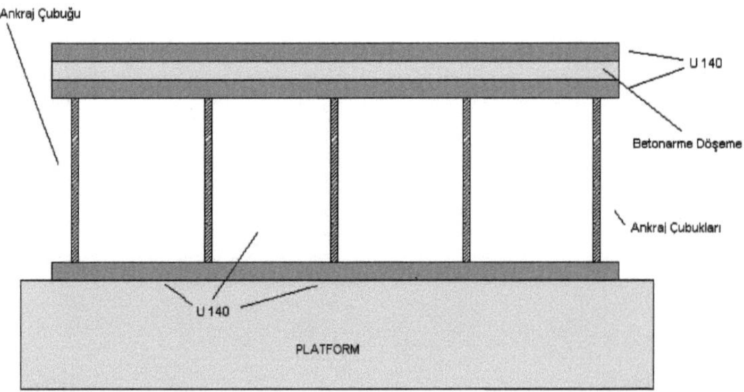

Şekil 56. Deney düzeneğinin yandan görünüşü

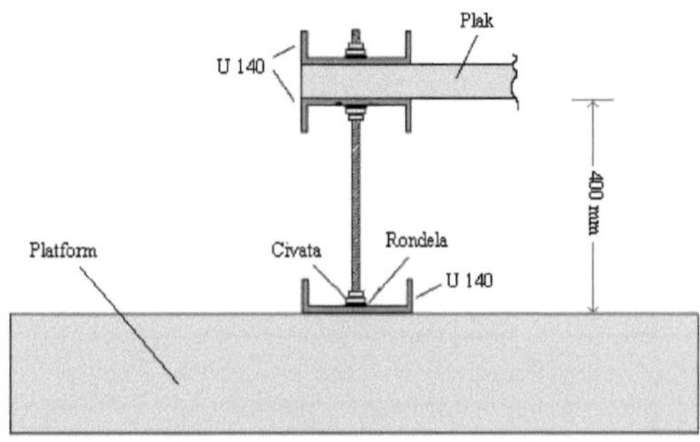

Şekil 57. Mesnette bağlantı detayı

Deney sistemin şematik görüntüsü aşağıda Şekil 58'de verilmektedir. Yüklemeler alttan yukarıya doğru gerçekleştirilmiştir. Bu, plak üst yüzünde oluşan çatlama mekanizmalarını daha iyi gözlemlemek içindir. Yük plağa 200 kN kapasiteli bir piston yardımıyla uygulanmıştır. Kullanılan yükleme plakasının boyutları ise 100x100 mm'dir.

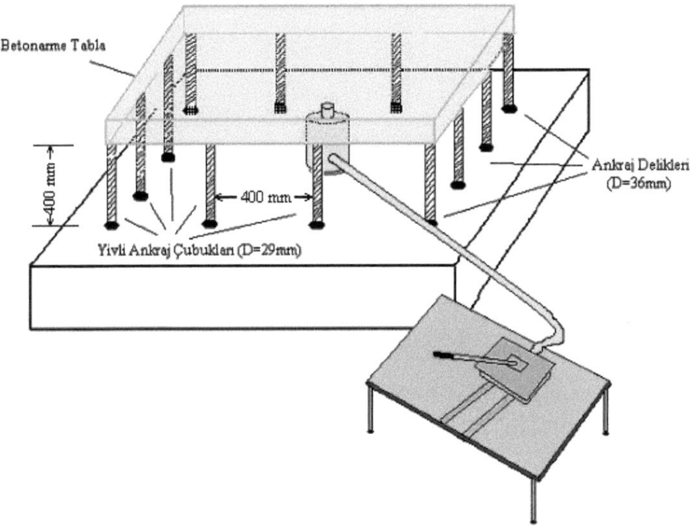

Şekil 58. Deney sisteminin şematik görünüşü

2.3.2. Ölçüm Sistemi ve Kullanılan Aletler

Yük okumaları 500 kN çekme ve basınç kapasiteli yük hücresi yardımıyla gerçekleştirilmiştir. Hazırlanan ölçüm sistemi üzerinde, belirlenen noktalara 100 ve 150mm ölçüm kapasiteli lineer deplasman ölçerler (LPDT) yerleştirilerek sehim ölçümleri yapılmıştır. Kullanılan LPDT'ler 150 mm ölçme kapasitesine sahip olup, 0.036 mm hassasiyetle ölçüm yapabilmektedir. Yük hücresi Şekil 59'da, LPDT'ler ise Şekil 60'ta verilmektedir.

Şekil 59. Yük hücresi

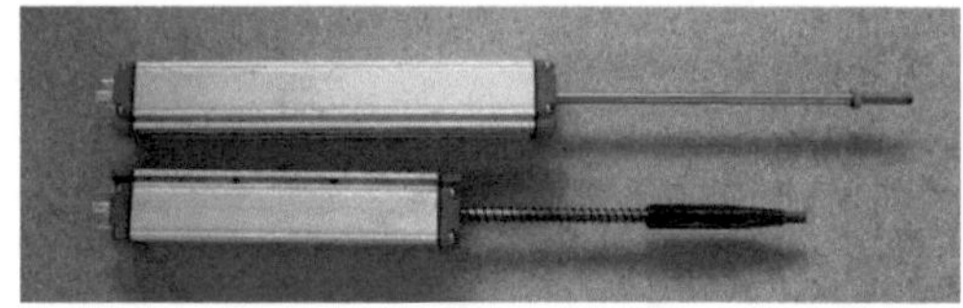

Şekil 60. Sehim ölçümünde kullanılan LPDT'ler

LPDT ve yük hücresi, K.T.Ü. İnşaat Mühendisliği Bölümü Yapı ve Malzeme laboratuarında mevcut TDG Coda 32 kanallı veri toplama sistemine bağlanarak deney sonuçları kaydedilmiştir. Söz konusu sistem Şekil 61'de verilmektedir.

Şekil 61. Veri toplama sistemi

3. BULGULAR VE İRDELEME

3.1. Geleneksel ve Yüksek Dayanımlı Beton Silindirler Üzerinde Gerçekleştirilen Deneylerden Elde Edilen Sonuçlar

Karadeniz Teknik Üniversitesi İnşaat Mühendisliği Bölümü Yapı ve Malzeme laboratuarında gerçekleştirilen bu çalışmada üretilen bütün deney numuneleri hazır beton kullanmaksızın laboratuar imkanları dahilinde üretilmiştir. Üretilmiş olan döşeme betonlarından alınan şahit numuneler şartnamelerde belirtildiği şekilde küre tabi tutulmuş ve beton dayanımları belirlenmiştir. Buna ek olarak deney numuneleri de üzerileri sürekli ıslak kalacak şekilde kapatılıp muhafaza edilerek deney gününe kadar küre tabi tutulmuştur. Numune sayısının fazlalığı ve işin yoğunluğu nedeniyle deney numuneleri üzerinde deneyler, üretimden itibaren 40 gün sonra gerçekleştirilebilmiştir. Bunun denenmesinin bir diğer nedeni de yüksek dayanımlı betonlarda dayanım artışının hızının geleneksel betonlardaki gibi 28. günden sonra azalma göstermemesidir. Bazı kaynaklarda [111] yüksek dayanımlı betonlardaki dayanım artış hızının 90. günden sonra düşmeye başladığı (ancak yine de dayanım artışının devam ettiği), ve bu zamandan sonra test edilmesi tavsiye edilmektedir. Geleneksel ve yüksek dayanımlı betonlardan üretilen deney numuneleri üzerinde 40. günde deney gerçekleştirilmiştir.

Çalışmada hedeflenen basınç dayanımları yüksek dayanımlı beton için 50 MPa ve üzeri, geleneksel beton içinse en az 30 MPa olarak öngörülmüştü. Bu amaçla birçok deneme karışımı hazırlanmış, yapılan deneyler sonucunda kullanılacak olan beton karışım oranının nasıl olacağına karar verilmiş ve betonlar üretilmiştir. Deney numunelerinin üretiminden alınan şahit numunelerin karakteristik basınç dayanımları belirlenmiş ve her bir seri için Tablo 11'de verilmiştir.

Tablo 11. Silindir numunelerin ortalama basınç dayanımları

	Döşeme	f_{cm} (MPa)	Std. sapma	f_{ck} (MPa)
Yüksek dayanımlı beton	A8	73,6	6,4	65,4
	A4-V	75,1	6,3	67,0
	A4	73,5	6,8	65,3
	A4-XV	73,2	6,9	64,4
	AD4	73,4	6,5	65,1
	AB4	76,2	6,1	68,4
	B8	75,9	6,6	67,5
	B4-V	72,7	6,1	64,9
	B4	74,2	6,5	65,9
	B4-XV	76,4	6,5	68,1
	BD4	76,2	6,9	67,4
	BB4	75,4	6,2	67,5
	K8	74,7	6,0	67,1
	K4-V	75,8	6,3	67,7
	K4	73,7	6,6	65,3
	K4-XV	75,1	6,6	66,6
	KD4	73,8	6,5	65,5
	KB4	72,7	6,9	63,9
	P8	72,7	6,5	64,4
	P4-V	76,3	6,9	67,5
	P4	75,1	6,6	66,6
	P4-XV	73,4	6,2	65,5
	PD4I	76,1	6,8	67,4
	PD4II	76,6	6,8	67,9
	PB4	75,4	6,3	67,3
	AL4	78,4	6,4	70,2
	ALB4	80,4	6,3	72,3
	AL4I	83,3	6,1	76,5
	ALB4I	82,2	6,0	74,5
Geleneksel beton	AG4	40,6	6,0	32,9
	AGD4	42,0	5,4	35,1
	AGB4	40,5	6,0	32,8
	AGL4	42,8	5,1	36,3
	AGLB4	41,9	4,9	35,7
	AGL4I	46,7	4,5	40,9
	AGLB4I	43,2	5,2	36,5

Tablo 12. Döşemedeki betonların kendi aralarında karşılaştırılması

	YDB	YDB %0,50 lif	YDB %1 lif	GB	GB %0,50 lif	GB %1 lif
f_{cm} (MPa)	74,68	79,4	83,2	41	42,4	44,9
Std. sapma	6,51	6,35	6,05	5,8	5,0	4,85
f_{ck} (MPa)	66,4	71,3	75,5	33,6	36,0	38,7

f_{cm} : *ortalama basınç dayanımı*

f_{ck} : *karakteristik basınç dayanımı*

Bu tablodan da görüldüğü gibi deney numunelerinin üretiminde kullanılan yüksek dayanımlı betonun karakteristik basınç dayanımı 66,4 MPa, geleneksel betonunki ise 33,6 MPa olarak elde edilmiştir. Bu betonlara hacmen %0,50 ve %1 oranlarında lif katılmasıyla söz konusu dayanımlar yüksek dayanımlı beton için sırasıyla 71,3 MPa ve 75,5 MPa değerlerine kadar yükselmiştir. Basınç dayanımları geleneksel beton için %0,50 lif oranında 36,0 MPa değerine ; %1 lif için ise 38,7 MPa değerine ulaşmıştır. Deney numunelerinin üretiminde kullanılan her iki sınıf betonun üretimden üretime gösterdikleri farkların oldukça az olması nedeniyle yeniden üretilebilirlikleri sağlanmıştır. Betonların gerilme-birim şekildeğiştirme ilişkileri, yüksek dayanımlı betonlar için Şekil 62'de, yüksek dayanımlı %0,5 lifli betonlar için Şekil 63'te, yüksek dayanımlı %1 lifli betonlar için Şekil 64'te, geleneksel beton için Şekil 65'te, geleneksel %0,5 lifli betonlar için Şekil 66'da ve geleneksel %1 lifli betonlar için Şekil 67'de verilmiştir. Bu şekiller yardımıyla beton dayanımının %40'ına karşılık gelen elastisite modülü ile poisson oranları belirlenmiş ve her bir beton türü için Tablo 13'te verilmiştir.

Tablo 13. Betonlara ait malzeme özellikleri

Beton	Elastisite modülü (MPa)	Poisson oranı
YDB	34000	0,236
YDB-%0,50 lif	37000	0,242
YDB-%1 lif	41000	0,246
GB	22500	0,251
GB-%0,50 lif	25000	0,255
GB-%1 lif	27500	0,259

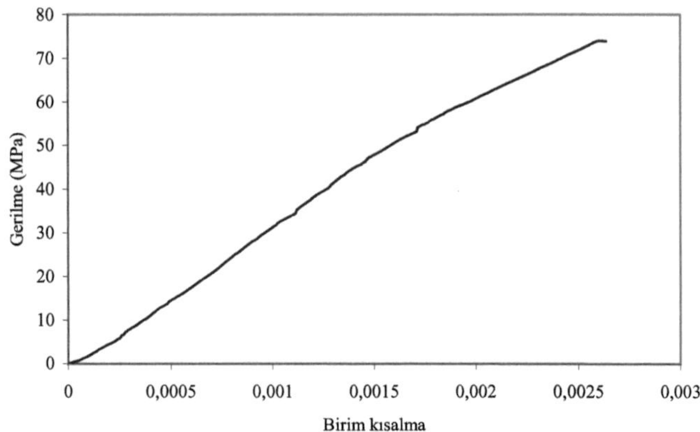

Şekil 62. Yüksek dayanımlı betonun gerilme-şekildeğiştirme diyagramı

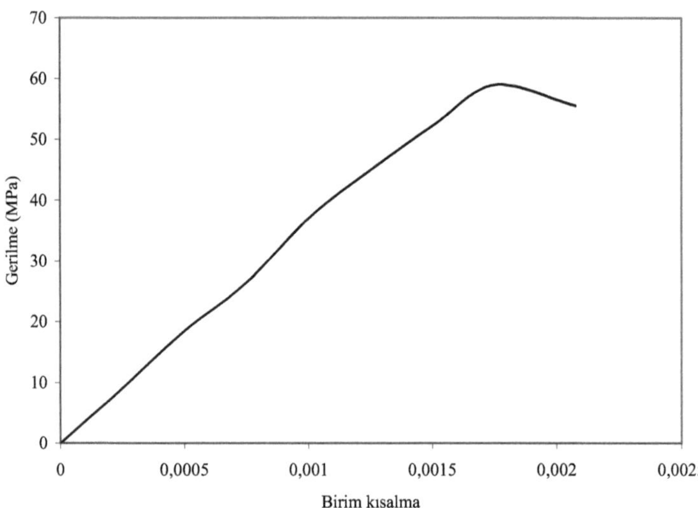

Şekil 63. Yüksek dayanımlı (%0,50 lifli) betonun gerilme-şekildeğiştirme diyagramı

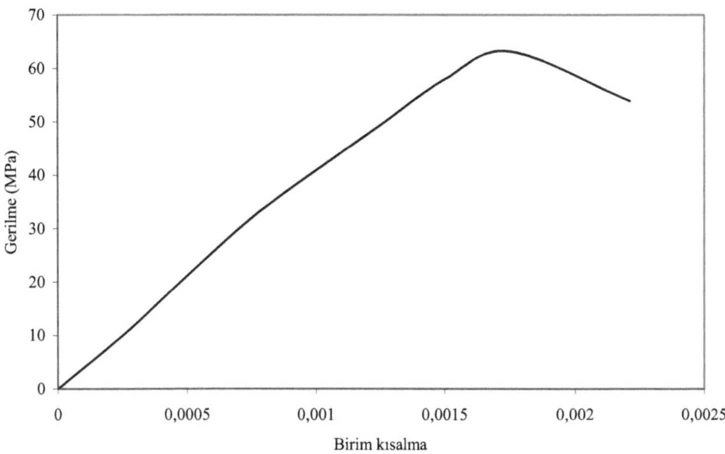

Şekil 64. Yüksek dayanımlı (%1,0 lifli) betonun gerilme-şekil değiştirme diyagramı

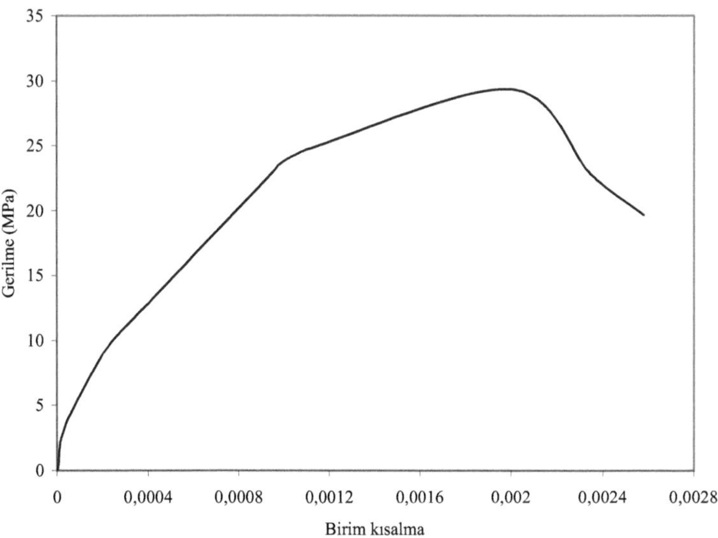

Şekil 65. Geleneksel betonun gerilme-şekil değiştirme diyagramı

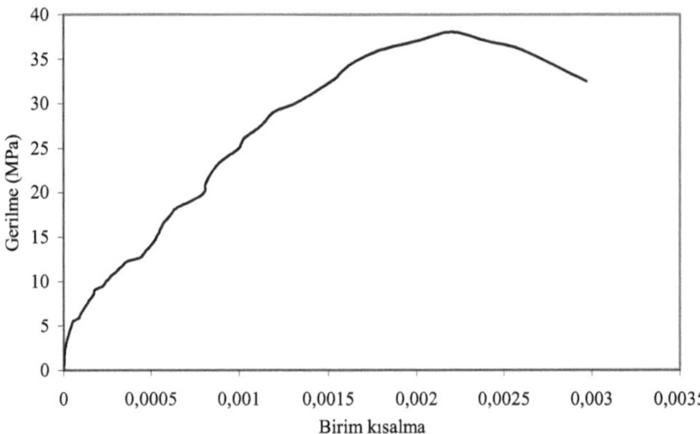

Şekil 66. Geleneksel betonun (%0,50 lifli) gerilme-şekildeğiştirme diyagramı

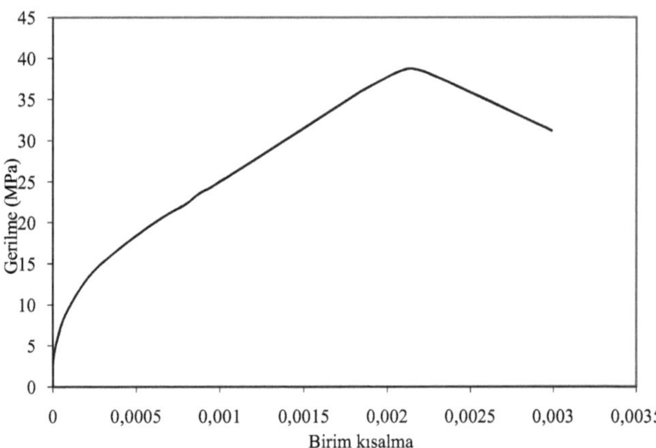

Şekil 67. Geleneksel betonun (%1 lifli) gerilme-şekildeğiştirme diyagramı

Yüksek dayanımlı betonarme döşemelerin tekil yük altında farklı mesnet koşullarına göre davranışlarının araştırıldığı bu çalışmada toplam 36 adet deney gerçekleştirilmiştir. Deneyler döşemelerin artık yük almamaya başladıkları ana kadar devam ettirilmiştir. Yüklemeler, çatlakların daha iyi gözlenmesi için, alttan yukarı doğru yapılmış, oluşan plastik mafsal çizgileri belirlenmiştir. Sehimler, daha önce de belirtildiği gibi, 900x900 ve 1000x1000 mm boyutundaki döşemeler için 5, 900x1300 mm boyutundaki noktalar için 7,

1300x1300 mm boyutundakiler için ise 9 noktada ölçülmüştür. Ölçümler biri açıklık ortasından olmak üzere, planda simetrik noktalardan yapılmıştır. Ayrıca deneylerde sehimlere, mesnetlenme şeklinden dolayı oluşan mesnet dönmelerinin de etkisi araştırılmıştır. Bununla birlikte beton dayanımının döşeme davranışı üzerindeki etkileri de bu çalışmada araştırılmıştır. Son olarak da lifli döşemelerde plastik mafsal çizgilerinin oluşumu araştırılmıştır. Lifli döşemelerde ise donatı kullanılmamış, döşemeler iki farklı boyutta (900x900x40 ve 1300x1300x40 mm), farklı lif oranlarında (0.33, 0.50 ve 1.0) ve iki farklı beton sınıfında üretilmiş ancak aynı mesnetlenme koşulları altında denenmiştir.

3.2. Donatı Aralığı 100 mm Olan Yüksek Dayanımlı Betonarme Döşemeler

Bu çalışma kapsamında 40 ve 80 mm kalınlıklarda, enkesit boyutları ve mesnetlenme koşulları farklı olarak üretilen yüksek dayanımlı betonarme döşemeler üzerinde 2. bölümde verildiği şekilde gerçekleştirilen deneylerden elde edilen göçme yükü ve bu yüke karşılık gelen döşeme açıklık ortası sehimleri Tablo 14'te verilmektedir. Bu bölümde donatı aralığı 100 mm olan yüksek dayanımlı betonarme döşemeler üzerinde gerçekleştirilen deneylerden elde edilen sonuçlar da her bir deney için tablodaki sırayla verilmektedir. Bu tabloda verilen yük değerleri döşemenin yük altından ilk kaçmaya başladığı, diğer bir deyişle döşeme betonunun parçalara ayrıldığı yüke karşılık gelmektedir.

Tablo 14. 100 mm donatı aralıklı yüksek dayanımlı betonarme döşemelere ait veriler

Ad	Boyutlar (mm)	Mesnet tipi	Yük (kN)	Açıklık ortası sehim (mm)
A8	1000x1000x80	Ankastre	40,08	6,63
A4	900x900x40	Ankastre	43,57	13,36
AD4	900x1300x40	Ankastre	36,16	37,05
AB4	1300x1300x40	Ankastre	35,85	49,44
B8	1000x1000x80	Basit	92,35	6,41
B4	900x900x40	Basit	31,79	21,69
BD4	900x1300x40	Basit	31,22	47,03
BB4	1300x1300x40	Basit	30,59	47,15
K8	1000x1000x80	Komşu	87,97	5,04
K4	900x900x40	Komşu	42,96	19,95
KD4	900x1300x40	Komşu	34,62	40
KB4	1300x1300x40	Komşu	31,84	45,64
P8	1000x1000x80	Paralel	78,70	5,59
P4	900x900x40	Paralel	41,11	21,18
PD4I	900x1300x40	Paralel	37,33	28,74
PD4II	900x1300x40	Paralel	31,52	22,76
PB4	1300x1300x40	Paralel	31,50	45,44

Kenarları ankastre olan döşemelerde en düşük açıklık ortası sehim değeri 80 mm kalınlığındaki A8 döşemesinde elde edilmiştir. Döşeme kalınlığı yarıya indiğinde (A4, h=40 mm) ve boyutlar önce bir sonra da iki doğrultuda 400'er mm büyütüldüğünde (AD4 ve AB4) sehimlerin hızla arttığı görülmektedir. A8 döşemesi $\phi 8/200$ düz ve $\phi 8/200$ pilye ile iki dik doğrultuda donatılandırılmıştır. Bu, A8 döşemesinin açıklıkta $\phi 8/100$ donatıya sahip olduğu anlamına gelmektedir. Bu yüzden bu döşeme ve aynı özellikteki diğer döşemeler (B8, K8 ve P8), 100 mm donatı aralığına sahip diğer döşemelerle birlikte değerlendirilmiştir. A8 döşemesine ait yük-sehim eğrileri Şekil 68'de verilmektedir.

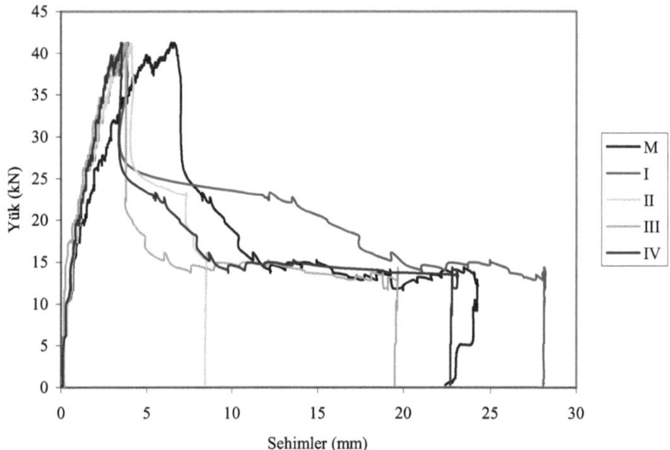

Şekil 68. A8 döşemesine ait yük-sehim diyagramı

Bütün kenarların ankastre olduğu A8 döşemesindeki sehimler, açıklık ortasından ve kenarlara serbest açıklığın ¼ noktalarında yer alan 4 simetrik noktadan ölçülmüştür. Bu noktalar Şekil 71'de I, II, III ve IV olarak verilmektedir. Maksimum taşıma kapasitesi (yük-sehim eğrisinin pik noktası) 40,08 kN olarak elde edilmektedir. Bu değer, döşemenin kemerleşme ve eğilme kapasitesini göstermektedir.

Deney sonunda I ile gösterilen bölgedeki sehim açıklık ortası sehimden (M) büyük olarak elde edilmiştir. Bu durumun nedeni, o bölgede yer alan beton örtünün deney esnasında kopması ve yukarı kalkmasıdır. A8 döşemesine ait 40,08 kN'luk yüke karşılık gelen ¼ sehim değerleri Tablo 15'te verilmektedir. Döşemede kırılma oluştuktan sonra yük

14,81 kN civarında sabit kalmıştır. Bu yüke karşılık gelen sehim de aynı tabloda verilmektedir.

Tablo 15. A8'in eğilme kapasitesine ait sehim değerleri

Sehim ölçerler	Sehimler (mm)	Göçmeden sonraki yüke karşılık gelen sehim (mm)
I	3,92	19,15
II	4,10	8,46
III	3,77	5,90
IV	3,52	8,61
M	6,63	11,21

Serbest açıklığın ¼ noktalarındaki 40,08 kN'a karşılık gelen sehimlerin ortalama değeri 3,83 mm olup bu değer 6,63 mm olan açıklık ortası sehim değerinden (M), %73,2 kadar küçüktür. Ayrıca farklı mesnet dönmeleri nedeniyle oluşan bu değişimler, ¼ sehimlerin ortalama değeri olan 3,83 mm'ye kıyasla en fazla %8,8 mertebesinde farklılaşmalar göstermektedir. En küçük sehim değeri IV no'lu sehim ölçerde ve en büyük sehim değeri de II nolu sehim ölçerde kaydedilmiştir. Buradan, en az mesnet dönmesinin burada olduğu sonucu çıkmakta olup, bu döşemeye ait kırılma şeklinden de anlaşılabilmektedir. Döşemeye ait kırılma şekli Şekil 69'da verilmektedir.

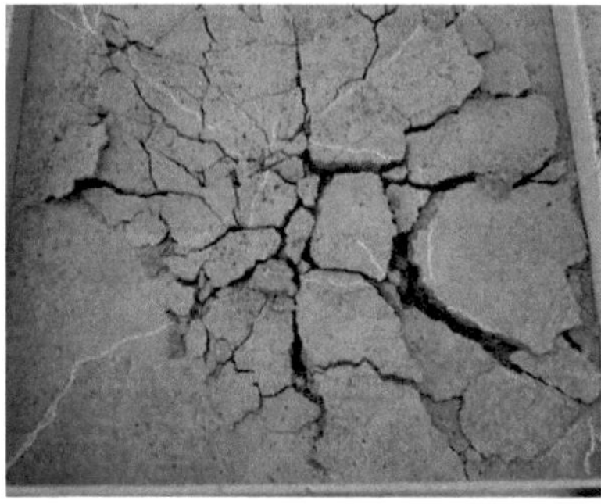

Şekil 69. A8 döşemesine ait plastik mafsal çizgileri

A4 döşemesi, bütün kenarların, tıpkı A8'de olduğu gibi farklı uzunluklarda profillerle ankastre olduğu bir döşemedir. A8 döşemesinden farkı, kalınlığının 40 mm oluşu ve bu döşemede pilye yapılmayıp iki dik doğrultuda $\phi 8/100$ donatı kullanılmasıdır. A4 döşemesinde plastik mafsalların oluşmaya başladığı yük 43,57 kN olarak ölçülmüştür. A4 döşemesinin açıklık ortası sehimi (M) 13,36 mm olarak kaydedilmiş olup, A8'den yaklaşık 2,02 kat fazladır. A4 döşemesine ait yük-sehim grafiği Şekil 70'te verilmektedir. Eğilmede taşıma kapasitesi ve maksimum yüke karşılık gelen sehim değerleri de Tablo 16'da verilmektedir.

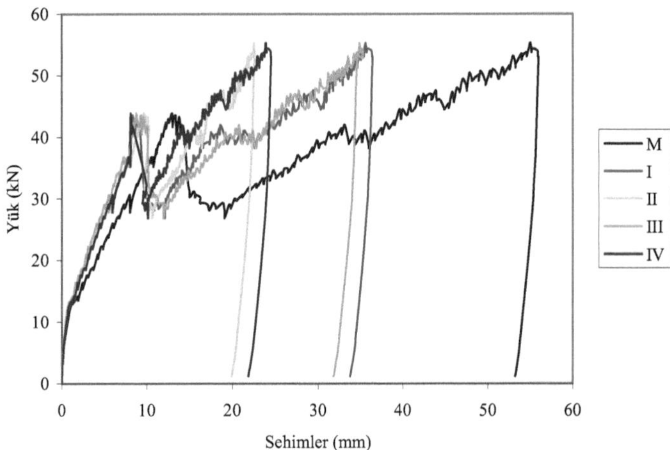

Şekil 70. A4 döşemesine ait yük-sehim diyagramı

Tablo 16. A4'ün eğilme kapasitesi ve nihai yüke ait ¼ sehim değerleri

Sehim ölçerler	Sehimler (mm)	En büyük yüke karşılık gelen sehimler (mm)
I	8,33	35,56
II	9,87	22,51
III	9,34	34,86
IV	8,15	23,85
M	13,36	55,03

Serbest açıklığın ¼ noktalarındaki sehimlerin ortalama değeri 8,93 mm olup, açıklık ortası sehim değerine (13,36 mm) göre %49,6 oranında küçüktür. Kenarları farklı oranlarda ankastre olan bu döşemede, tutululuk oranındaki farklılık nedeniyle donatının akma anında(eğilme kapasitesine ulaşıldığı anda) ortalama değere göre farklılaşma %10,5 civarındadır. En küçük sehim değeri 8,15 mm olarak IV no'lu sehim ölçerde kaydedilmiş olup A4 döşemesine ait plastik mafsal çizgileri ya da diğer bir deyişle göçme mekanizması Şekil 71'de verilmektedir.

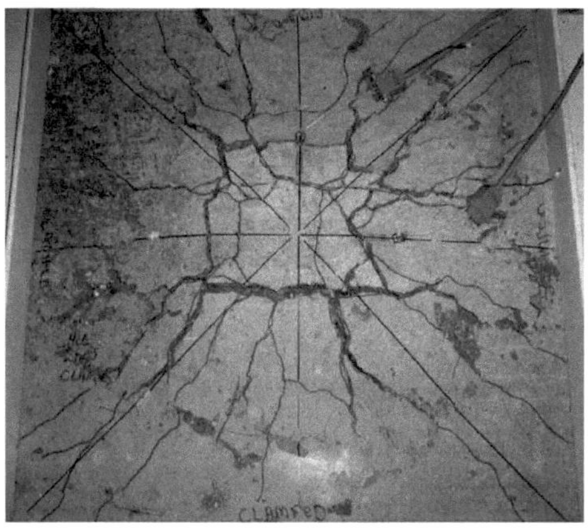

Şekil 71. A4 döşemesine ait plastik mafsal çizgileri

AD4 döşemesi, A4 ile aynı kalınlığa sahip bir döşemedir (h=40 mm). A4 ile aynı donatı oranında ($\phi 8/100$) olup, aynı tür mesnet şartlarına bağlı olarak (A=ankastre) test edilmiştir. AD4 döşemesi ile A4 arasındaki tek fark, boyut farkıdır. AD4 ve diğer bütün dikdörtgen (D) döşemeler (BD4, KD4, PD4I, PD4II) 900x1300x40 mm boyutlarında olup aynı donatıya sahiptirler.

AD4 döşemesine ait kırılma yükü 36,16 kN olarak kaydedilmiştir. Bu yük, plastik mafsal çizgilerinin oluşmaya başladığı, donatıda akma oluşumunun görüldüğü yük değeridir. Bu yüke karşılık gelen açıklık ortası sehim değeri de 37,05 mm olarak belirlenmiştir. Bu döşemeye ait yük-sehim grafiği Şekil 72'de, döşemede kaydedilen eğilmede taşıma kapasitesi ve nihai yüke karşılık gelen sehim değerleri ise Tablo 17'de verilmektedir. Deney sonucu elde edilen nihai yük 50,38 kN'dur.

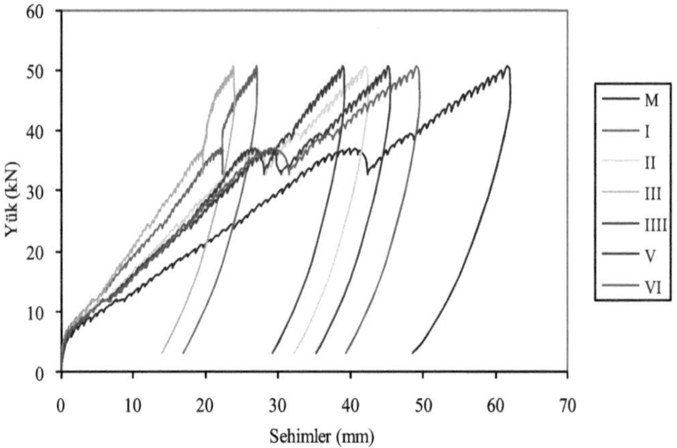

Şekil 72. AD4 döşemesine ait yük-sehim diyagramı

Tablo 17. AD4'ün eğilme kapasitesi ve nihai yüke ait sehim değerleri

Sehim ölçerler	Sehimler (mm)	En büyük yüke karşılık gelen sehimler (mm)
I	21,17	27,34
II	25,44	42,25
III	19,01	39,15
IV	25,10	24,03
V	27,51	45,31
VI	27,02	49,34
M	37,05	61,97

Bu şekil ve tablodan da görüldüğü gibi açıklık ortası ve serbest açıklığın ¼ noktalarından yapılan sehim ölçümlerinde farklı oranda tutulu kenarlar olduğu için mesnet dönmelerinde yine farklılaşmalar olmaktadır.

AD4 döşemesindeki açıklık ortası sehim değeri 37,05 mm olup bu değer, II ve IV no'lu sehim ölçerlerden elde edilen değerlerin ortalaması olan 25,27 mm'den %45 büyüktür. Benzer şekilde açıklık ortası sehimi, I ve III nolu sehimlerin ortalaması olan 20,10 mm'nin 1,84 katı civarındadır. AD4'ün, açıklık ortasından 165 mm mesafedeki ortalama sehim değerleri 26,27 mm olarak ölçülmüş olup bu değer A4 döşemesi için belirlenmiş 8,93 mm'lik ortalama değerin 2,94 katıdır. Boyutların, 900x900x40 mm'den (A4) 900x1300x40 mm'ye (AD4) yükseltildiği bütün kenarları ankastre bu döşemeler için açıklık ortasından

165 mm mesafede yapılan ölçümlere göre, sehim yapma kapasitesi 2,94 kat artmaktadır. AD4 döşemesine ait göçme mekanizması Şekil 73'te verilmektedir.

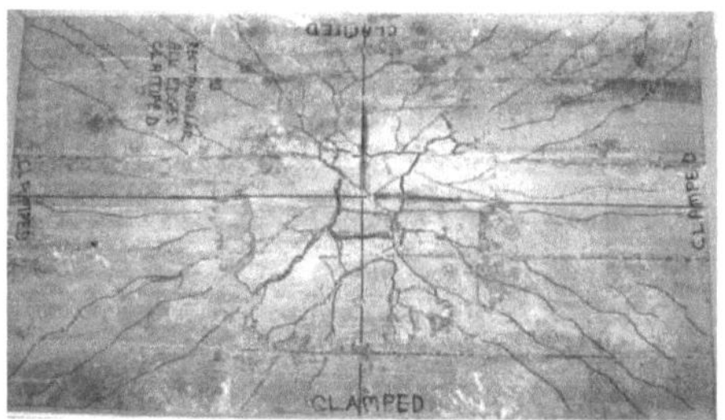

Şekil 73. AD4 döşemesine ait plastik mafsal çizgileri

AB4 (1300x1300x40 mm) döşemesi, A4 (900x900x40) döşemesi gibi kare bir döşemedir. Aynı donatıya sahip bu iki döşeme arasındaki fark, boyutlarının birbirinden farklı oluşudur. Zira AB4 döşemesi de tıpkı A4 döşemesi ve bu kategorideki diğer döşemeler gibi bütün kenarları boyunca değişken oranlarda tutulu bir döşemedir. AB4 döşemesinin donatısı, iki dik doğrultuda $\phi 8/10$'dur. Bu döşemeye ait yük-sehim grafiği Şekil 74'te, döşemede kaydedilen eğilmede taşıma kapasitesi 35,85 kN ve nihai yük olan 51,92 kN'a karşılık gelen sehim değerleri ise Tablo 18'de verilmektedir.

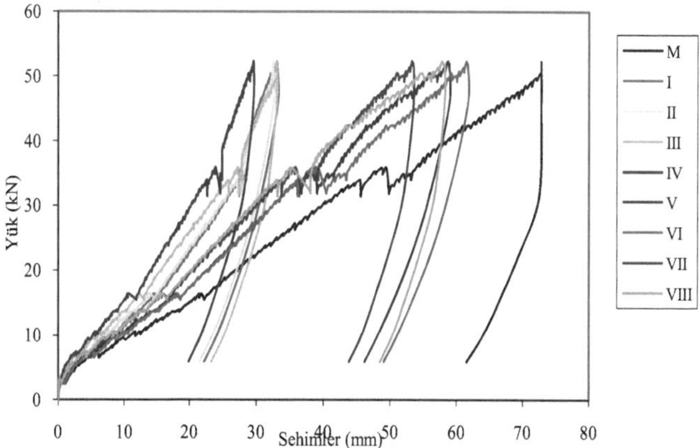

Şekil 74. AB4 döşemesine ait yük-sehim diyagramı

Tablo 18. AB4'ün eğilme kapasitesi ve nihai yüke ait sehim değerleri

Sehim ölçerler	Sehimler (mm)	En büyük yüke karşılık gelen sehimler (mm)
I	28,54	33,07
II	28,74	32,49
III	27,28	33
IV	23,96	29,56
V	38,77	58,87
VI	39,18	61,66
VII	35,86	53,44
VIII	35,31	58,13
M	49,44	72,80

Tablo 18'e göre serbest açıklığın ¼ noktalarında yapılan ölçümlerin ortalama değeri 27,13 mm olarak belirlenmiş olup bu değer, AB4 döşemesinin göçme yüküne karşılık gelen sehim değeri olan 49,44 mm'den 1,82 kat küçüktür. AB4'e ait ¼ sehimler arasındaki, farklı kenar tutululuklarından kaynaklanan bu sehimlerin ortalama değeri olan 27,13 mm'ye göre %13,2 civarındadır. AB4 döşemesine ait açıklık ortası ya da yükün uygulama noktasından 165 mm uzaklıktaki sehim değerlerinin ortalaması 37,28 mm'dir. Aynı ortalama A4 döşemesi için 8,93 mm olarak kaydedilmiştir. AB4'ün söz konusu değeri ile A4'ün değeri arasında yaklaşık 4,17 kat fark mevcut olup bu döşemelerin boyutları arasında 2,09 kat fark mevcuttur. AB4 döşemesinde, açıklık ortası (M)'den 165 mm mesafede, farklı kenar tutululuk oranları nedeniyle ortalama değerden en büyük sapma %5,6 olup aynı değer A4 döşemesi için %10,5 olarak belirlenmiştir. En küçük sehim değeri 23,96 mm ile III no'lu sehim ölçerin bulunduğu bölgede olup bu kenarın diğerlerine kıyasla yüksek oranda tutulu olduğu söylenebilir. AB4'e ait göçme mekanizması, diğer bir deyişle plastik mafsal çizgileri Şekil 75'te verilmektedir.

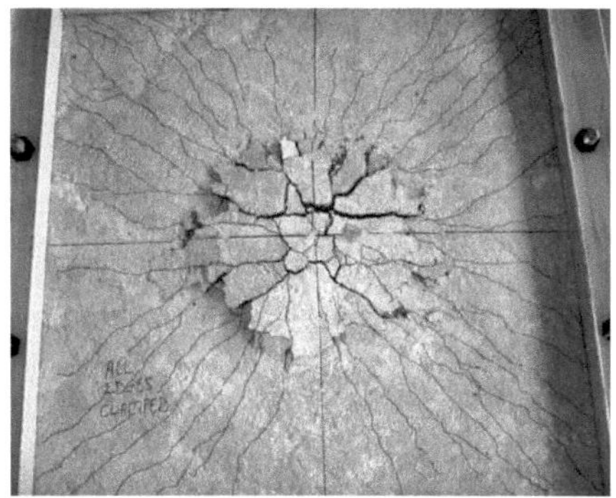

Şekil 75. AB4 döşemesine ait plastik mafsal çizgileri

B8 döşemesi, 1000x1000x80 mm boyutlarında üretilmiş olup deney sistemine yerleştirildiğinde serbest açıklığı 660x660 mm'ye düşmektedir. Döşemenin üretiminde yüksek dayanımlı beton kullanılmış ve döşemenin donatısı iki dik doğrultuda $\phi 8/200$ düz ve $\phi 8/200$ pilyedir. B8 döşemesi diğer bütün B harfi ile başlayan serilerdeki gibi, dört kenarı boyunca mesnetleme amacıyla kullanılan çelik profillere serbestçe oturmaktadır. B8 döşemesinin yük-sehim diyagramı Şekil 76'da, kırılma yükü ile nihai yük olan 92,35 kN'a karşılık gelen sehim değerleri de Tablo 19'da verilmektedir.

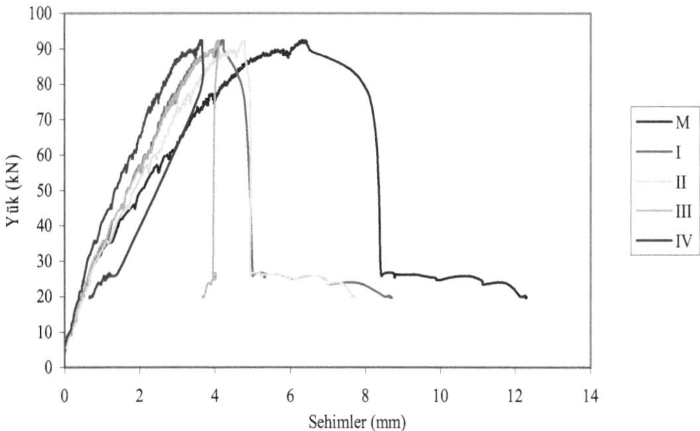

Şekil 76. B8 döşemesine ait yük-sehim diyagramı

Tablo 19. B8'in eğilme kapasitesine ait ¼ sehim değerleri

Sehim ölçerler	Sehimler (mm)	En büyük yüke karşılık gelen sehimler (mm)
I	4,23	4,99
II	4,80	4,92
III	4,10	3,95
IV	3,66	1,23
M	6,41	8,44

Bu şekil ve tablodan da görüldüğü gibi döşemenin taşıyabildiği en büyük yük ise, grafiğin pik noktasından 92,35 kN olarak elde edilmektedir. Bu değer, daha önceden de belirtildiği gibi döşemeye ait "kemerleşme + eğilme" taşıma kapasitesidir.

Serbest açıklığın ¼ noktalarındaki sehimlerin ortalaması Tablo 19'dan 4,20 mm olarak elde edilmektedir. Bu değer açıklık ortası sehim değeri olan 6,41 mm'den %52,6 mertebesinde küçüktür. Farklı mesnet dönmeleri nedeniyle B8 döşemesinin ¼ sehimlerinde oluşan değişimler en fazla %14,3 mertebesindedir. B8 için %14,3 olan bu değer, T8 döşemesi için %8,8 olarak bulunmuştu. B8 döşemesine ait göçme mekanizması ya da başka bir deyişle plastik mafsal çizgileri Şekil 77'de verilmektedir.

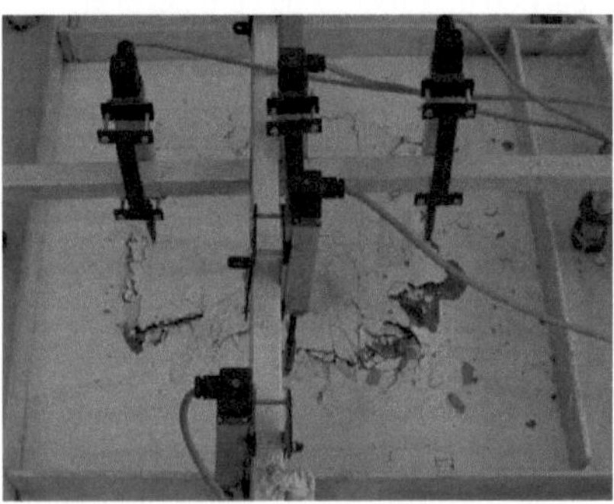

Şekil 77. B8 döşemesine ait plastik mafsal çizgileri

B4 döşemesi, bütün kenarlarından U 140 profillerine serbestçe oturan bir döşeme olup B8'den farkı, donatı olarak pilyenin hiç kullanılmaması ve kalınlığının 40 mm oluşudur. Döşemenin donatısı iki dik doğrultuda $\phi 8/100$'dur. B4 döşemesinde plastik mafsal oluşma aşamasının başladığı yük değeri 31,8 kN olup bu değere karşılık gelen açıklık ortası sehim de 21,69 mm olarak belirlenmiştir. B4 döşemesine ait yük-sehim diyagramı ve sehim değerleri sırasıyla Şekil 78'de ve Tablo 20'de verilmektedir.

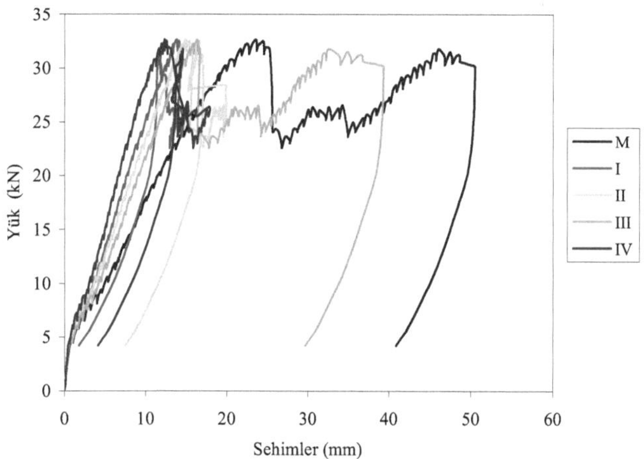

Şekil 78. B4 döşemesine ait yük-sehim diyagramı

Tablo 20. B4'ün eğilme kapasitesine ait ¼ sehim değerleri

Sehim ölçerler	Sehimler (mm)	En büyük yüke karşılık gelen sehimler (mm)
I	13,18	14,56
II	15,41	32,46
III	14,18	16,33
IV	11,67	11,76
M	21,69	45,97

Serbest açıklığın ¼ noktalarına yerleştirilen sehim ölçerlerden alınan okumaların ortalaması 13,61 mm olup bu değer, açıklık ortası sehimi olan 21,69 mm'den %59,4 mertebesinde küçüktür. 4 kenarından 3 farklı uzunlukta mesnetlere oturan bu döşemede oluşan sehim farklılaşması, ortalama değere göre en fazla %16,6 civarındadır. En küçük sehim değeri IV no'lu sehim ölçerde kaydedilmiş olup B4 döşemesine göçme mekanizması Şekil 79'da verilmektedir.

Şekil 79. B4 döşemesine ait plastik mafsal çizgileri

BD4 döşemesi, 900x1300x40 mm boyutlarında, dik doğrultularda $\phi 8/100$ donatı kullanılarak yüksek dayanımlı betonla imal edilmiş bir döşemedir. Döşeme kalınlığı 40 mm'dir. Sehim ölçerlerin dizilimi, anlatılmış olan bir diğer dikdörtgen döşeme AD4'deki gibi olup bütün dikdörtgen döşemelerde (AD4, BD4, PD4I, PD4II) aynı miktarda ve aynı dizilimde sehim ölçerler kullanılmıştır. BD4 döşemesine ait kırılma yükü 31,22 kN olarak kaydedilmiştir. Bu yüke karşılık gelen açıklık ortası sehim ise 47,03 mm'dir. Söz konusu yük, plastik mafsal çizgilerinin oluşmaya başladığı yük olup döşemenin eğilme kapasitesini temsil etmektedir. BD4 döşemesinde açıklık ortası ve serbest açıklığın ¼ noktalarından yapılan ölçümlerde farklı kenar mesnet uzunlukları ve mesnetlerin dönebilmeleri nedeniyle sehimlerde farklılaşmalar kaydedilmiş olup BD4'e ait yük-sehim diyagramı Şekil 80'de, sehim değerleri ise Tablo 21'de verilmektedir.

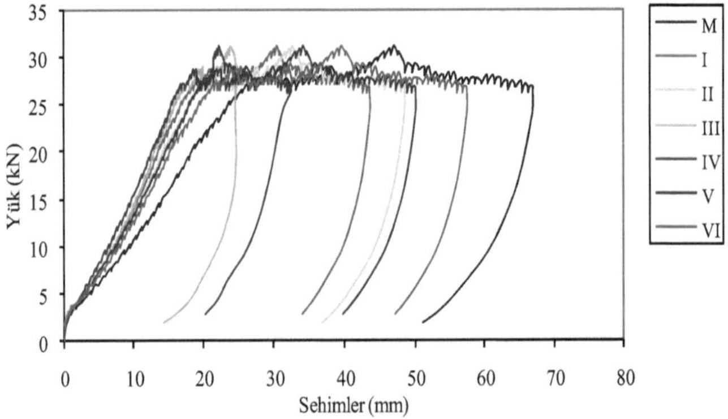

Şekil 80. BD4 döşemesine ait yük-sehim diyagramı

Tablo 21. BD4'ün eğilme kapasitesi ve nihai yüke ait sehim değerleri

Sehim ölçerler	Sehimler (mm)	En büyük yüke karşılık gelen sehimler (mm)
I	30,46	43,39
II	32,56	48,15
III	23,92	24,65
IV	22,31	32,31
V	34,14	49,78
VI	39,63	57,18
M	47,03	66,51

BD4 döşemesinin açıklık ortası sehim değeri 47,03 mm olup bu değer, II ve IV nolu sehimlerin ortalaması olan 27,43 mm'nin 1,71 katıdır. Benzer şekilde açıklık ortası sehim, I ve III no'lu sehimlerin ortalaması olan 27,19 mm değerinin 1,73 katı civarındadır. BD4 döşemesine ait göçme mekanizması Şekil 81'de verilmektedir.

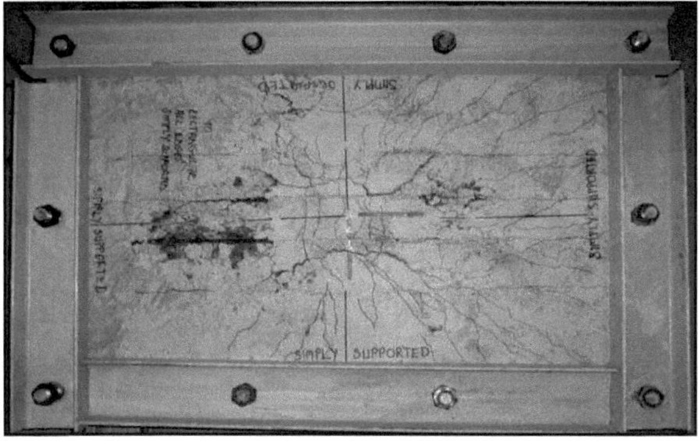

Şekil 81. BD4 döşemesine ait plastik mafsal çizgileri

BB4 döşemesi 1300x1300x40 mm boyutlarında, yüksek dayanımlı beton kullanılarak imal edilmiş bir döşemedir. BB4 döşemesinde de yine $\phi 8/100$ donatı, iki dik doğrultuda kullanılmıştır. BB4 döşemesinde toplam 9 noktadan sehim ölçümleri gerçekleştirilmiş olup, sehim ölçümleri yapılan noktaların konumları ve numaralandırılmaları, aynı döşemenin ankastre kenarlı olarak denendiği AB4 döşemesindeki gibidir. BB4 döşemesine ait yük-sehim diyagramı Şekil 82'de, sehim değerleri ise Tablo 22'de verilmektedir.

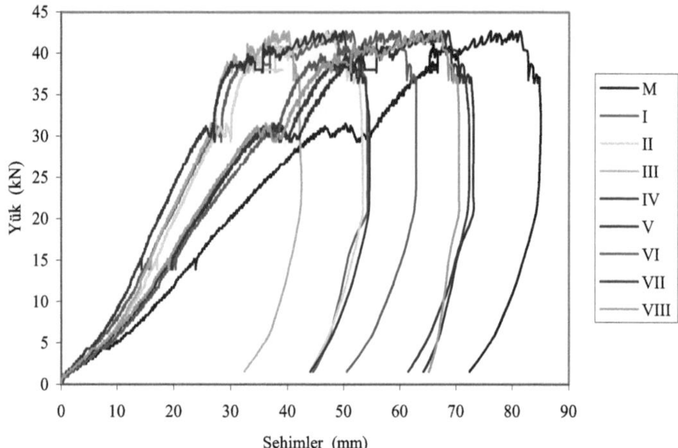

Şekil 82. BB4 döşemesine ait yük-sehim diyagramı

Tablo 22. BB4'ün eğilme kapasitesi ve nihai yüke ait sehim değerleri

Sehim ölçerler	Sehimler (mm)	En büyük yüke karşılık gelen sehimler (mm)
I	27,91	47,07
II	28,51	44,28
III	27,08	37,41
IV	26,05	44,49
V	36,41	63,81
VI	37,05	55,79
VII	36,21	62,33
VIII	34,98	62,19
M	47,15	76,13

Tablo 22'ye göre serbest açıklığın ¼ noktalarında yapılan ölçümlerin ortalama değeri 27,39 mm olarak belirlenmiştir. Bu değer, BB4'ün eğilme kapasitesine karşılık gelen açıklık ortası sehim değeri olan 47,15 mm'den değerinden 1,72 kat küçüktür. BB4'e ait, farklı boyda çelik profillerin mesnet olarak kullanılması nedeniyle ¼ sehimlerde, ortalama değere göre olan farklılaşma en fazla %5,1 civarındadır. BB4 döşemesine ait açıklık ortasından 165 mm mesafede yer alan sehim ölçerlerin kaydettiği verilerin eğilme kapasitesine karşılık gelen değerlerinin ortalaması 36,16 mm olarak belirlenmiştir. BB4 döşemesinde açıklık ortasından 165 mm mesafede ölçülen değerlerden en büyük sapma, %3,37 civarındadır. BB4'e ait göçme mekanizması, diğer bir deyişle plastik mafsal çizgileri Şekil 83'te verilmektedir.

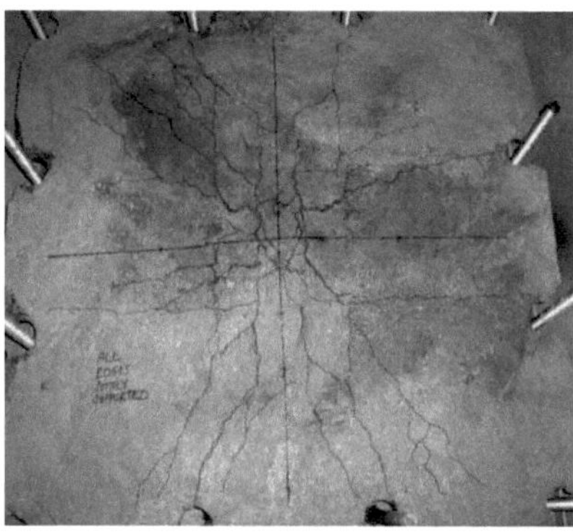

Şekil 83. BB4 döşemesine ait plastik mafsal çizgileri

100 mm donatı aralığına sahip döşemelerdeki kenar mesnetlenme koşulları, deney planında da ayrıntılı olarak belirtildiği gibi yalnızca bütün kenarların ankastre ve basit mesnetli olmasına göre değil; aynı zamanda kenar koşulları komşu (K) ve paralel (P) kenarları aynı türden mesnetleme yapılarak denenmiştir.

Komşu kenarların aynı türden olduğu K8 döşemesine ait kırılma yükü 87,97 kN olarak verilmiştir. Bu, döşemenin eğilmede taşıma kapasitesi olup bu değere karşılık gelen açıklık ortası sehimi ise 5,04 mm olarak ölçülmüştür. K8 döşemesi de diğer 80 mm kalınlığındaki döşemeler gibi yüksek dayanımlı betondan imal edilmiş olup döşeme donatısı yine $\phi 8/200$ düz ve $\phi 8/200$ pilyedir. Bu şekilde dizilen donatılar açıklıkta iki dik doğrultudaki $\phi 8/100$'luk donatılarla özdeş olduğundan K8 döşemesi, 100 mm donatı aralığına sahip diğer döşemelerle aynı kategoride değerlendirilmiştir. K8'e ait ölçüm şeması da T8 ve B8'de verildiği gibidir, (bkz. Şekil 53). 80 mm kalınlığındaki bu döşeme için yük-sehim diyagramı Şekil 84'te verilmektedir.

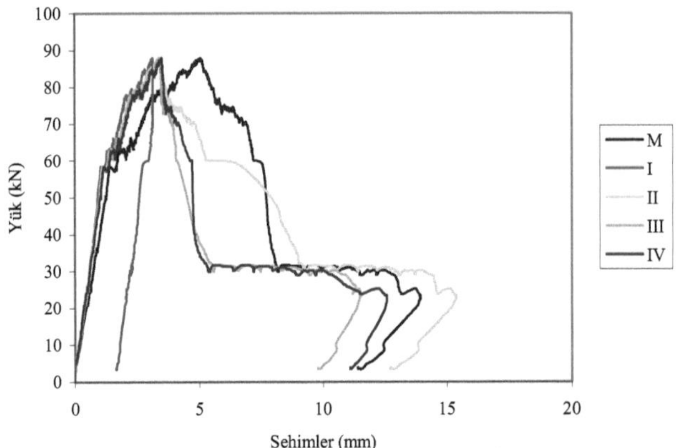

Şekil 84. K8 döşemesine ait yük-sehim diyagramı

K8'de toplam 5 adet sehim ölçer kullanılmıştır. III ve IV no'lu sehim ölçerler ankastre kenarlardaki serbest açıklığın ¼ noktalarındaki sehimleri; I ve II ise basit mesnetli kenarlara yakın bölgede yer alan sehim ölçerlerden alınan verileri göstermektedir. II no'lu sehim ölçerden alınan verinin, açıklık ortası sehim değeri olan M'den büyük olmuştur. Bu bölgede yer alan beton örtü parçalanarak yukarı kalkmıştır. Zaten M ile gösterilen açıklık ortası sehim okumalarının Şekil 87'de verilen grafikteki II no'lu sehim ölçerden alınan verilerle kıyaslandığında bu durum görülebilmektedir. Eğilme kapasitesi 87,97 kN'a karşılık gelen K8 döşemesinin, serbest açıklık ¼ noktalarından yapılan ölçümler Tablo 23'te verilmektedir.

Tablo 23. K8'in eğilme kapasitesine ait ¼ sehim değerleri

Sehim ölçerler	Sehimler (mm)	Göçmeden sonraki yüke karşılık gelen sehim (mm)
I	3,11	2,23
II	3,38	9,30
III	3,38	5,53
IV	3,48	5,35
M	5,04	8,15

Bu dört değerin ortalaması 3,34 mm olup, komşu kenarlardaki ankastrelik nedeniyle döşemenin eğilme kapasitesine karşılık gelen, farklı mesnetlenme bölgelerindeki ortalama sehimler arasında bu bölgede %7,3 fark mevcuttur. K8 döşemesi için en düşük ¼ sehim I no'lu sehim ölçerde 3,11 mm olarak ölçülmüştür. Kırıkların ulaşamadığı bu bölge, söz konusu döşemeye ait kırılma mekanizmasından da görülebilir (Şekil 85).

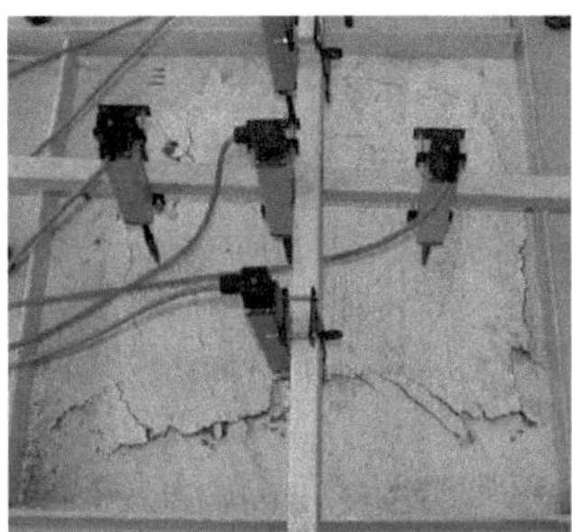

Şekil 85. K8 döşemesine ait plastik mafsal çizgileri

K4 döşemesi, bitişik iki kenarın tıpkı K8'de olduğu gibi ankastre, diğer iki dik kenarın ise basit mesnetli olduğu bir döşemedir. K4 döşemesinde plastik mafsallaşma aşamasının başladığı yük değeri 42,96 kN olarak belirlenmiştir. Söz konusu bu yüke karşılık gelen açıklık ortası sehim 19,95 mm olarak ölçülmüştür. K4 döşemesine ait yük-sehim diyagramı Şekil 86'da, sehim değerleri ise Tablo 24'te verilmektedir.

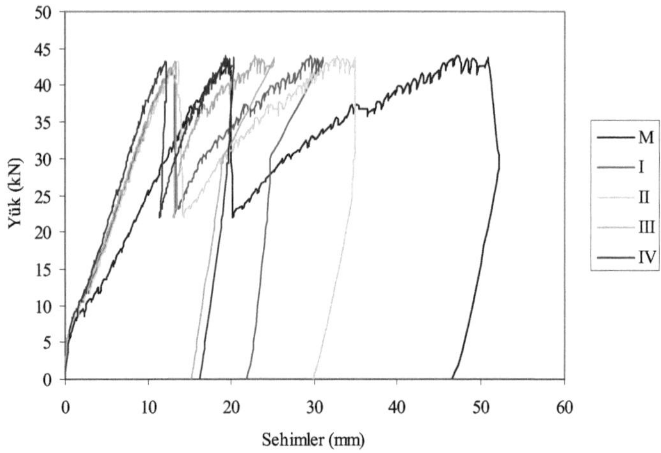

Şekil 86. K4 döşemesine ait yük-sehim diyagramı

Tablo 24. K4'ün eğilme kapasitesi ve nihai yüke ait sehim değerleri

Sehim ölçerler	Sehimler (mm)	Göçmeden sonraki yüke karşılık gelen sehim (mm)
I	13,39	31,03
II	13,64	34,97
III	13,33	25,21
IV	12,21	20,41
M	19,95	50,80

I ve II no'lu, basit mesnetlere yakın olan sehim ölçerlerden elde edilen sehimlerin ortalaması 13,52 mm'dir. Ankastre mesnete yakın olan III ve IV no'lu sehimlerin ortalaması ise 12,77 mm olarak belirlenmiştir. Bu döşeme için bu iki değerin kıyaslanması ile, ankastrelik nedeniyle sehimlerde %5,87 oranında sapma belirlenmiştir. Ayrıca bu dört sehim değerinin ortalaması 13,15 mm olup, açıklık ortası sehimi olan 19,95 mm'den %51,7 mertebesinde küçüktür. En küçük sehim değeri, IV no'lu sehim ölçerde kaydedilmiş olup bu bölgede mesnetleme için döşeme alt ve üstten en uzun profiller kullanılarak sıkıştırılmıştır. K4 döşemesine ait göçme mekanizması Şekil 87'de verilmektedir.

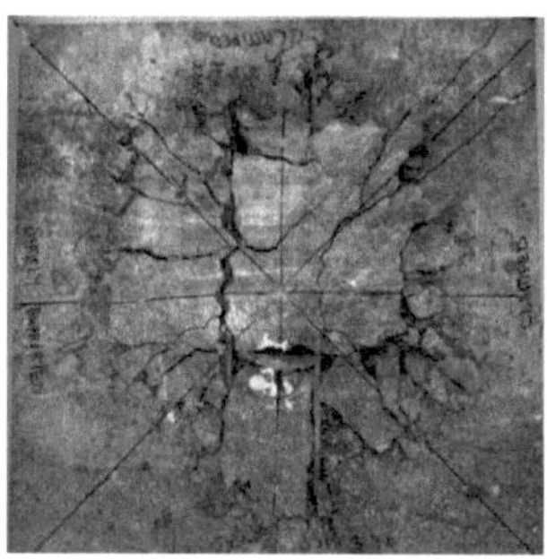

Şekil 87. K4 döşemesine ait plastik mafsal çizgileri

KD4 döşemesi 900x1300x40 mm boyutlarındadır. Diğer bütün dikdörtgen döşemeler gibi kenarları boyunca 400'er mm arayla 10 adet ankraj deliği barındırmaktadır. Döşemenin deney sistemine yerleştirilmesi bu ankraj delikleri vasıtasıyla yapılmış olup komşu iki kenarından, U 140 profilleri yardımıyla alt ve üstten sıkıştırılmıştır. Uzun kenarın serbest açıklığı 1060 mm olup kısa kenar ise 660 mm'dir. Döşemenin donatısı iki dik doğrultuda $\phi 8/100$ olup, diğer bütün dikdörtgen döşemelerle aynı donatıyı içermektedir. KD4 döşemesine ait eğilmede taşıma kapasitesi 34,62 kN'dur. Söz konusu bu yüke karşılık gelen açıklık ortası sehim değeri ise 40 mm olarak ölçülmüştür. KD4 döşemesinin yük-sehim diyagramı Şekil 88'de, sehim değerleri ise Tablo 25'te verilmektedir.

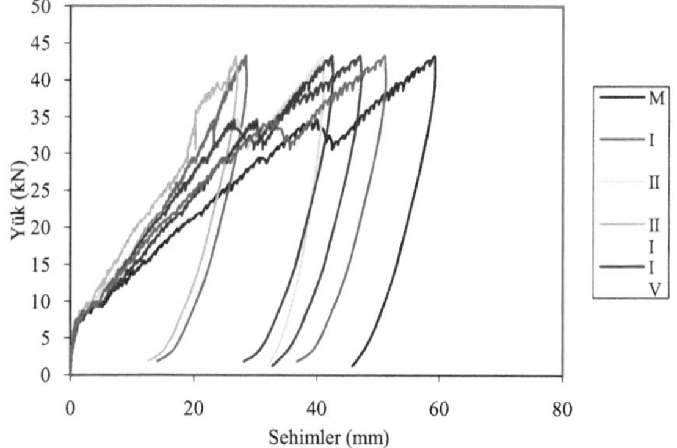

Şekil 88. KD4 döşemesine ait yük-sehim diyagramı

Tablo 25. KD4'ün eğilme kapasitesi ve nihai yüke ait sehim değerleri

Sehim ölçerler	Sehimler (mm)	En büyük yüke karşılık gelen sehimler (mm)
I	23,29	28,46
II	26,51	47,03
III	20,26	26,81
IV	27,10	40,92
V	30,15	42,45
VI	33,22	51,06
M	40	59,21

KD4'ün açıklık ortası sehimi 40 mm olup bu değer II ve IV no'lu sehim ölçerlerden elde edilen değerlerin ortalaması olan 26,81 mm'den %49,2 oranında büyüktür. Benzer şekilde açıklık ortası sehimi (M), I ve III nolu sehimlerin ortalaması olan 21,78 mm'den %83,7 oranında fazla olmaktadır. KD4'ün açıklık ortasından 165 mm mesafede yer alan sehim ölçerlerden elde edilen değerlerinin ortalaması 29,25 mm olarak ölçülmüş olup bu değer, K4 döşemesi için olan ortalama değerden (13,15 mm) 2,22 kat büyüktür. Döşeme boyutları, bir doğrultuda 400 mm artırıldığında sehim yapma kapasitesi yaklaşık 2,22 kat artmaktadır. Ayrıca açıklık ortasından 165 mm mesafede olan ve basit mesnetli kenara yakın taraftaki V no'lu sehim ölçerden elde edilen veri ile ankastre kenara yakın olan VI no'lu sehim ölçerden elde edilen değer kıyaslandığında bu sehimler arasında %10,2 oranında sapma olduğu görülmektedir. KD4 döşemesine ait göçme mekanizması Şekil 89'da verilmektedir.

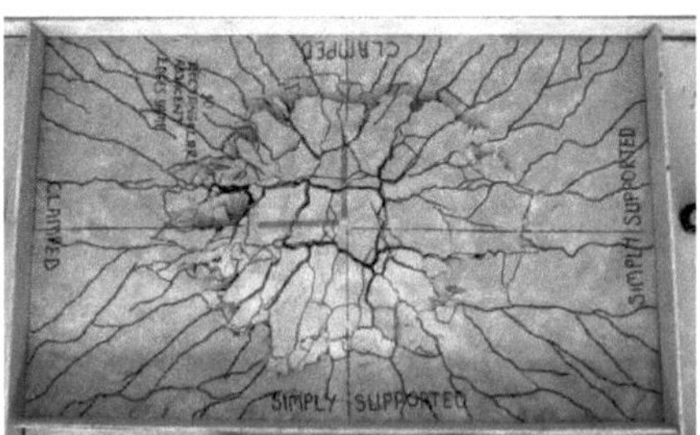

Şekil 89. KD4 döşemesine ait plastik mafsal çizgileri

KB4 döşemesi 1300x1300x40 mm boyutlarındadır. İki dik doğrultudaki serbest açıklığı 660x1060 mm döşemenin donatısı iki dik doğrultuda $\phi 8/100$'dur. KB4 döşemesine ait yük-sehim diyagramı Şekil 90'da, sehim değerleri ise Tablo 26'da verilmektedir.

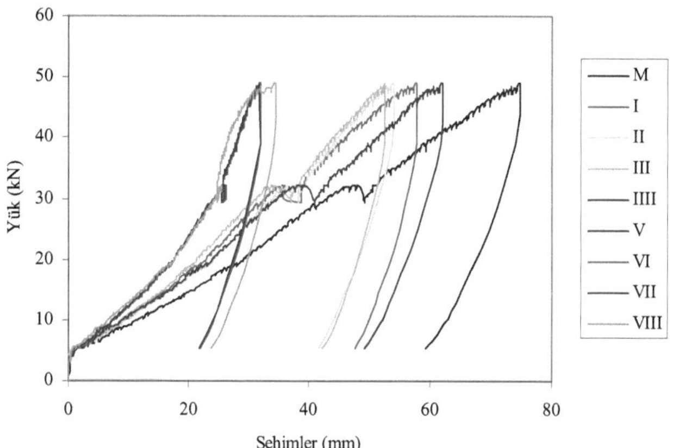

Şekil 90. KB4 döşemesine ait yük-sehim diyagramı

Tablo 26. KB4'ün eğilme kapasitesi ve nihai yüke ait sehim değerleri

Sehim ölçerler	Sehimler (mm)	En büyük yüke karşılık gelen sehimler (mm)
I	25,41	31,87
II	25,46	31,92
III	25,30	31,76
IV	25,21	34,31
V	35,60	53,85
VI	36,80	61,87
VII	34,58	57,58
VIII	32,85	52,42
M	45,64	74,56

Tablo 26'ya göre serbest açıklığın ¼ noktalarındaki sehimlerin ortalama değeri, KB4 için ortalama değer olan 25,35 mm'ye göre %0,4 mertebesinde farklılıklar göstermektedir. Bu farklılaşma, ankastre kenarların ortalaması (25,25 mm) ile basit mesnetli kenarların ortalaması (25,44 mm) değerleri kıyaslandığında %0,7 mertebesine yükselmektedir. Açıklık ortasından 165 mm mesafede simetrik olarak yer alan sehim ölçerlere ait ortalama değer 34,96 mm olmaktadır. Bu değere göre farklı mesnetlenmeler nedeniyle en büyük sapma %6,4 mertebesindedir. Ankastre kenarlara yakın olan sehim ölçerlerin (III ve IV) ortalaması 33,72 mm ve basit mesnetli kenarlara yakın olan sehim ölçerlerin ortalaması ise 36,2 mm'dir. Komşu kenarlardaki ankastrelik nedeniyle bu bölgede yapılan sehim ölçümleri arasında %7,3 sapma oluşmaktadır. KB4 döşemesine ait, açıklık ortası (M)'den 165 mm mesafedeki sehim ölçerlerin ortalaması 34,96 mm olarak belirlenmiş olup aynı ortalama K4 döşemesi için 13,52 mm olarak kaydedilmiştir. KB4'e ait değerler, K4'ünkinden 2,58 kat büyük olup bu döşemelerin boyutları arasında 2,48 kat fark mevcuttur.

Paralel kenarları türdeş olan, 100 mm donatı aralığına sahip döşemeler, diğer serilerden farklı olarak 5 adettir. Bir adet 80 mm kalınlığında (P8), bir adet 40 mm kalınlığında (P4) döşemesi denenmiş olup bunların boyutları sırasıyla 1000x1000x80 mm ve 900x900x40 mm'dir. Bunlara ek olarak, bir adet 1300x1300x40 mm boyutunda (PB4) ve iki adet de dikdörtgen döşeme (900x1300x40 mm) denenmiştir. Dikdörtgen döşemelerin diğer serilerden farklı olarak iki adet denenmesinin nedeni paralel (karşılıklı) kenarların ankastre olduğu bu döşemeler için iki farklı kenar uzunluğunun mevcut olmasıdır. Bu dikdörtgen döşemeler önce karşılıklı iki uzun kenar ankastre, daha sonra da karşılıklı iki kısa kenar ankastre olarak denenmiştir.

P8 döşemesi, 1000x1000x80 mm boyutlarında olup yüksek dayanımlı beton ile imal edilmiştir. Döşemenin donatısı $\phi 8/200$ düz ve $\phi 8/200$ pilye olup döşeme iki dik doğrultuda aynı şekilde donatılandırılmıştır. Döşemenin taşıma kapasitesi 79,28 kN olup buna karşılık gelen açıklık ortası sehim değeri 5,59 mm olarak ölçülmüştür. P8 döşemesine ait yük-sehim diyagramı Şekil 91'de verilmektedir.

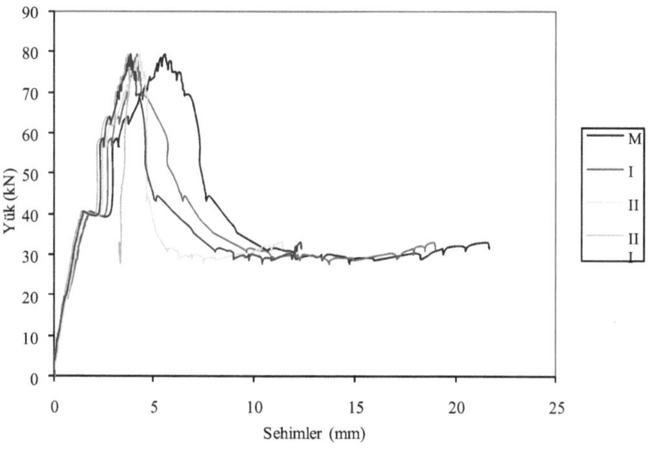

Şekil 91. P8 döşemesine ait yük-sehim diyagramı

Bu şekilden, I nolu sehim ölçerdeki değerlerin, deneyin tamamlanmasına doğru, II, III ve IV'ten daha büyük olarak elde edildiği görülmektedir. II no'lu sehim ölçerden elde edilen değerler, deneyde belli bir noktadan sonra I,III ve IV no'lu sehim ölçerlerin değerlerinden oldukça fazla bir şekilde ayrılma göstermektedir. En son denenen 80 mm kalınlıklı döşeme olan P8'de de, kalın döşemelerde daha önce rastlanan bir problem olan beton örtüde lokal kırılmalar görülmesi nedeniyle bu durum ortaya çıkmaktadır. Bahsedilen bu lokal kırılmalar Şekil 92'de verilmektedir.

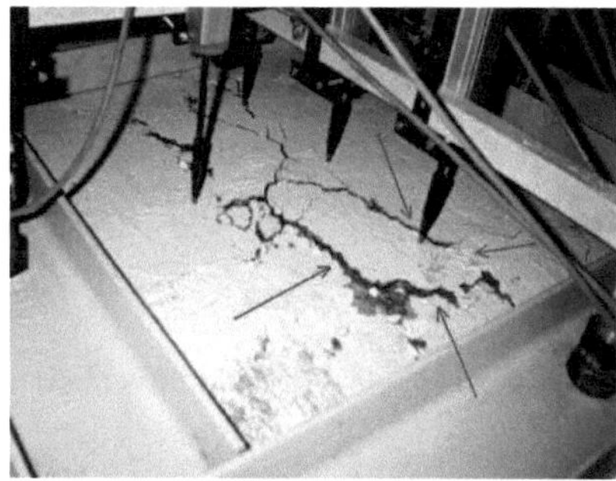

Şekil 92. P8 döşemesine ait lokal kırılma

Sehim ölçerlerden I ve III basit mesnetli kenarlara yakın olanları, II ve IV ise ankastre kenarlara yakın olanları temsil etmektedir. Serbest açıklığın ¼ noktalarından alınan sehim değerleri Tablo 27'de verilmektedir.

Tablo 27. P8'in eğilme kapasitesi ve nihai yüke ait ¼ sehim değerleri

Sehim ölçerler	Sehimler (mm)	Göçmeden sonraki yüke karşılık gelen sehim (mm)
I	3,87	8,23
II	4,31	5,79
III	5,59	10,89
IV	3,75	10,89
M	5,59	9,76

Eğilme kapasitesine ulaşıldığı anda en düşük sehim değeri IV no'lu sehim ölçerde kaydedilmiş olup, P8'e ait kırılma mekanizması Şekil 93'te verilmektedir.

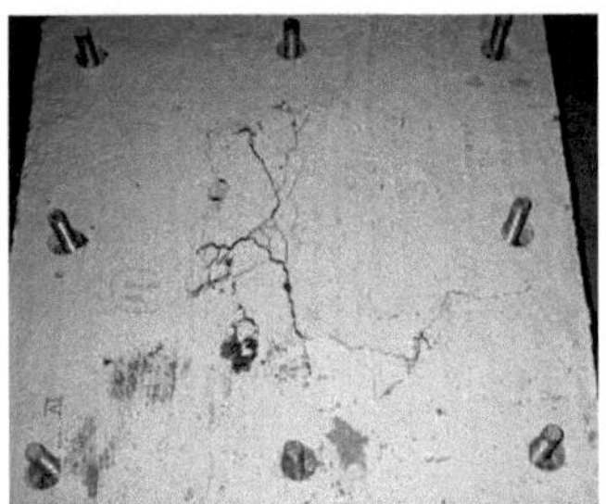

Şekil 93. P8 döşemesine ait plastik mafsal çizgileri

P4 döşemesi, 900x900x40 mm boyutlarında olup P8 ile aynı mesnetlenme özelliğindedir. Döşemenin eğilme kapasitesi 41,11 kN olarak belirlenmiştir. Bu kapasiteye karşılık gelen açıklık ortası sehimi ise 21,18 mm olarak ölçülmüştür. P4'e ait yük-sehim diyagramı Şekil 94'te, sehim değerleri ise Tablo 28'de verilmektedir.

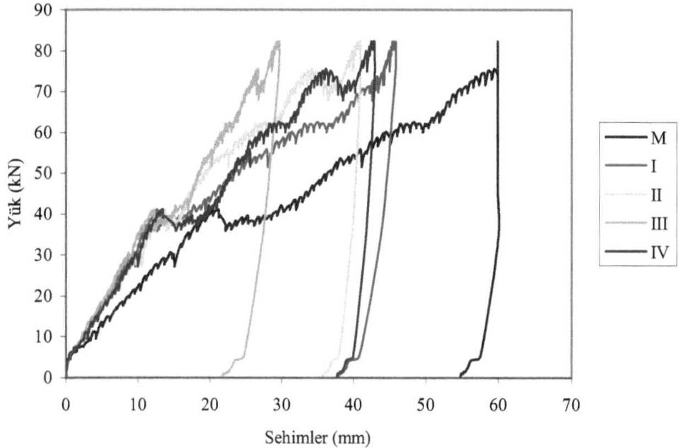

Şekil 94. P4 döşemesine ait yük-sehim diyagramı

Tablo 28. P4'ün eğilme kapasitesi ve nihai yüke ait ¼ sehim değerleri

Sehim ölçerler	Sehimler (mm)	Göçmeden sonraki yüke karşılık gelen sehim (mm)
I	13,90	40,46
II	12,67	45,41
III	13,46	42,46
IV	12,26	29,26
M	21,18	59,90

Betonun çatlaması ve kırılma şeklinin oluşmasına bağlı olarak sehimler bu noktadan sonra değişmeye başlamıştır. En büyük sehim basit mesnetli kenarlara yakın olan sehim ölçerlerden biri olan I no'lu sehim ölçerde kaydedilmiştir. Serbest açıklığın ¼ noktalarından yapılmış olan sehim ölçümlerinin ortalaması 13,07 mm olup bu değerden en büyük sapma %6,4 mertebesindedir. Ayrıca bu sehimlerin ortalaması, eğilme kapasitesine karşılık gelen sehim değeri olan 21,18 mm'den %62,1 oranında küçüktür. Döşemenin göçme mekanizması Şekil 95'te verilmektedir.

Şekil 95. P4 döşemesine ait plastik mafsal çizgileri

PD4 döşemesi, paralel kenarların ankastre olarak denendiği durum için iki adet üretilmiş, PD4I ve PD4II olarak isimlendirilmiştir. PD4I döşemesi kısa kenarların ankastre olarak denendiği döşemedir. PD4II'de ise uzun kenarlar ankastre olarak denenmiştir. PD4 döşemelesi diğer bütün dikdörtgen döşemeler gibi 900x1300x40 mm boyutlarındadır. Döşemelerin kısa doğrultudaki serbest açıklığı 660 mm, uzun doğrultudaki serbest açıklığı ise 1060 mm'dir. PD4I döşemesi kısa kenarlarından ankastre, diğer karşılıklı iki kenarından basit mesnetli olarak denenmiştir. Kırılma yükü 37,33 kN olup bu yüke karşılık gelen sehim değeri ise 28,74 mm olarak kaydedilmiştir. Döşemeye ait yük-sehim diyagramı Şekil 99'da, sehim değerleri ise Tablo 29'da, göçme mekanizması ise Şekil 96'da verilmektedir.

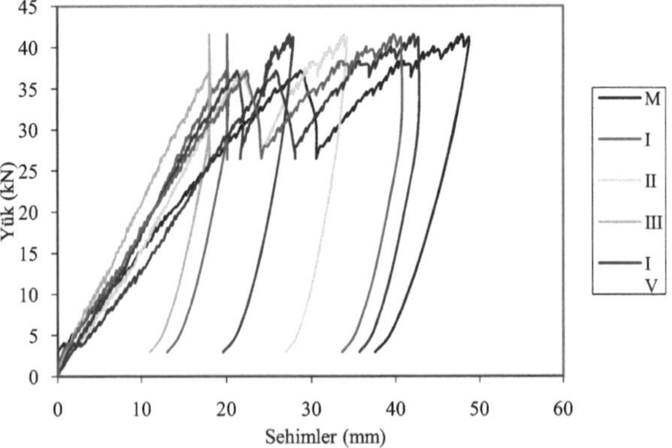

Şekil 96. PD4I döşemesine ait yük-sehim diyagramı

Tablo 29. PD4I'in eğilme kapasitesi ve nihai yüke ait sehim değerleri

Sehim ölçerler	Sehimler (mm)	En büyük yüke karşılık gelen sehimler (mm)
I	19,96	20,11
II	22,03	33,82
III	18,02	18,06
IV	21,28	27,44
V	25,86	42,13
VI	22,42	39,74
M	28,74	47,90

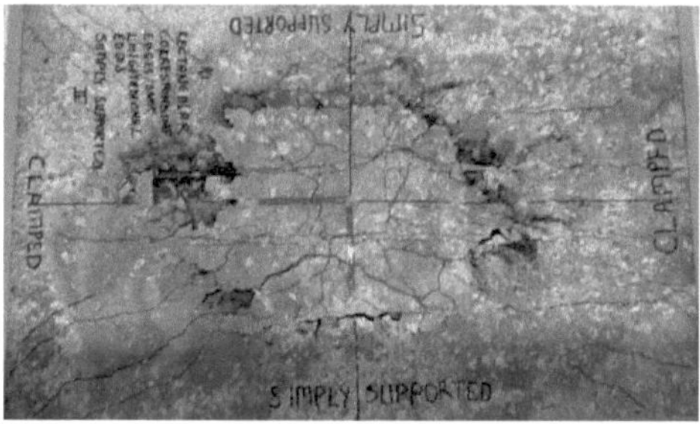

Şekil 97. PD4I döşemesine ait plastik mafsal çizgileri

PD4II döşemesi, uzun doğrultudaki kenarları ankastre olarak denenmiş olup, döşemenin eğilmedeki taşıma kapasitesi 31,52 kN olarak belirlenmiştir. PD4II döşemesine ait yük-sehim diyagramı Şekil 98'de, sehim değerleri Tablo 30'da, deneysel göçme mekanizması ise Şekil 99'da verilmektedir.

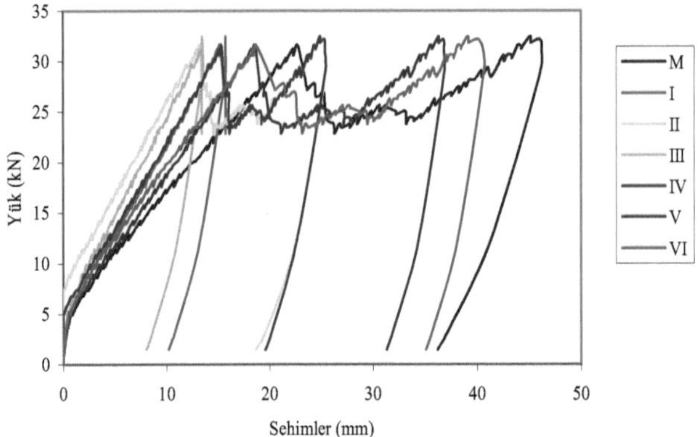

Şekil 98. PD4II döşemesine ait yük-sehim diyagramı

Tablo 30. PD4II'nin eğilme kapasitesi ve nihai yüke ait sehim değerleri

Sehim ölçerler	Sehimler (mm)	En büyük yüke karşılık gelen sehimler (mm)
I	15,20	15,75
II	13,31	24,92
III	13,48	13,48
IV	15,39	24,90
V	18,61	36,34
VI	18,76	39,16
M	22,76	45,10

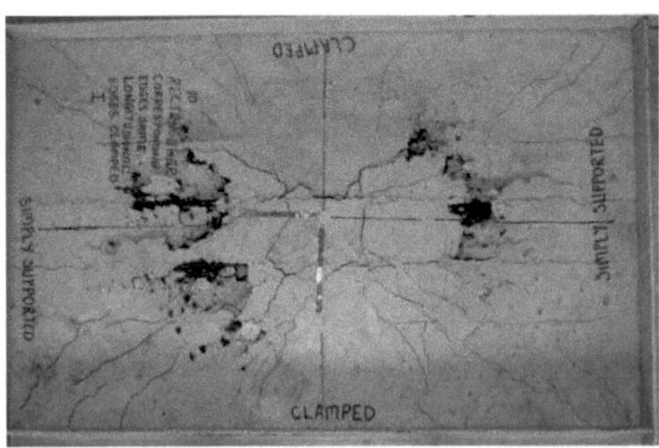

Şekil 99. PD4II döşemesine ait plastik mafsal çizgileri

PB4 döşemesi 1300x1300x40 mm boyutlarında olup 100 mm donatı aralığına sahiptir. PB4 döşemesi 31,50 kN yük taşıma kapasitesine sahip bir döşemedir. Döşemeye ait yük-sehim davranışı Şekil 100'de, sehim değerleri Tablo 31'de, deneysel göçme mekanizması ise Şekil 101'de verilmektedir.

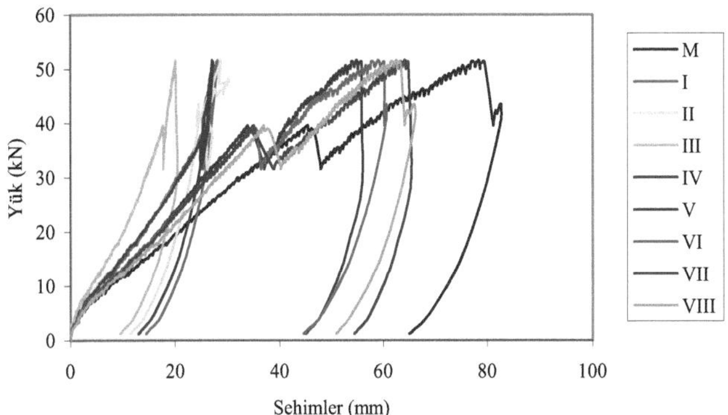

Şekil 100. PB4 döşemesine ait yük-sehim diyagramı

Tablo 31. PB4'ün eğilme kapasitesi ve nihai yüke ait sehim değerleri

Sehim ölçerler	Sehimler (mm)	En büyük yüke karşılık gelen sehimler (mm)
I	26,38	27,07
II	25,89	27,95
III	26,69	28,72
IV	24,58	27,85
V	37,02	61,46
VI	34,98	63,15
VII	35,10	57,69
VIII	33,88	53,88
M	45,44	76,97

PB4 döşemesine ait ¼ sehimlerin ortalama değeri 25,14 mm olarak ölçülmüştür. Bu değer, 45,44 mm olan açıklık ortası sehiminden %80,7 mertebesinde küçüktür. Açıklık ortasından 165 mm mesafede simetrik olarak yer almakta olan sehim ölçerlere ait ortalama değer 35,24 mm olmaktadır. Bu değere göre farklı mesnetlenmeler nedeniyle bu bölgede en büyük sapma %4,9 mertebesindedir.

Şekil 101. PB4 döşemesine ait plastik mafsal çizgileri

3.3. Yüksek Dayanımlı Betonarme Döşemelerde Donatı Aralığının Etkisinin Araştırılması

Yüksek dayanımlı döşeme davranışlarının plastik mafsal çizgileri teorisine göre incelenmesini amaçlayan bu çalışmada aynı donatı oranına, ya da aynı donatı göz açıklığına sahip döşemelerle ilgili veriler bir önceki başlıkta verilmişti. Bu bölümde ise aynı beton kalitesinde, ancak farklı donatı göz açıklığındaki döşemeler, deney serilerindeki en küçük boyutlu döşemelere göre karşılaştırmalı olarak incelenmektedir. Üretilen bütün döşemelerin boyutları 900x900x40 mm'dir. Donatı göz açıklığı 50 mm ve 150 mm olmak üzere toplam 4'er adetten toplam 8 adet döşeme üretilmiştir. Üretilen bu döşemeler, kare döşemeler için geçerli olan dört farklı kenar mesnet koşuluna göre denenmiştir. Bu mesnet koşulları daha önce de belirtildiği gibi A (ankastre), B (basit mesnetli), K (komşu kenarlar türdeş) ve P (paralel, karşılıklı kenarlar türdeş) olarak verilmiştir. 50 ve 150 mm donatı aralığına sahip döşemeler için de detayları önceki bölümde verilmiş olan mesnet teşkilleri aynen kullanılmıştır. Döşemelerde 5 noktadan sehim ölçümleri yapılmıştır. Bu döşemeler üzerinde gerçekleştirilen deneylerden elde edilen sonuçlar Tablo 32'de verilmektedir.

Tablo 32. Donatı göz açıklığı 50 ve 150 mm olan döşemelere ait değerler

Ad	Donatı aralığı (mm)	Mesnetlenme	Boyutlar	Yük(kN)	Sehim (mm)
A4-V	50	Ankastre	900x900x40	83,13	13,52
B4-V	50	Basit	900x900x40	65,49	14
K4-V	50	Komşu	900x900x40	78,27	13,68
P4-V	50	Paralel	900x900x40	80,71	13,90
A4-XV	150	Ankastre	900x900x40	25,75	6,1
B4-XV	150	Basit	900x900x40	22,96	17,85
K4-XV	150	Komşu	900x900x40	24,43	9,92
P4-XV	150	Paralel	900x900x40	24,09	16,92

A4-V döşemesi, iki dik doğrultuda $\phi 8/50$ donatıya sahip olup bütün kenarları ankastre olarak denenmiştir. Döşemeye ait kırılma yükü 83,13 kN olarak belirlenmiş olup, bu yüke karşılık gelen açıklık ortası sehim (M) ise 13,52 mm olarak ölçülmüştür. Toplam 5 noktadan yapılan sehim ölçümleriyle yükün değişimi, Şekil 102'de, A4-V döşemesine ait sehim değerleri de Tablo 33'te verilmektedir.

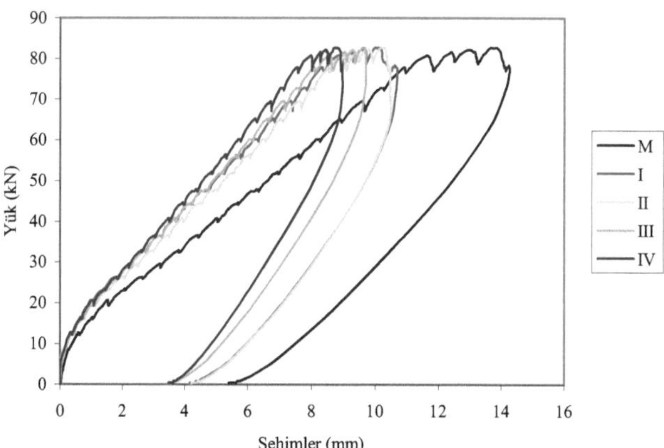

Şekil 102.A4-V döşemesine ait yük-sehim diyagramı

Tablo 33. A4-V'in eğilme kapasitesine ait ¼ sehim değerleri

Sehim ölçerler	Sehimler (mm)
I	9,97
II	10,15
III	9,56
IV	8,69
M	13,52

Bu tablodan, dört sehimin ortalama değeri 9,59 mm olup bu değerden, farklı boyda mesnet kullanımı nedeniyle en büyük sapma %10,3 civarındadır. A4-V döşemesine ait, eğilme kapasitesine karşılık gelen açıklık ortası sehiminin 13,52 mm olarak ölçüldüğü belirtilmişti. Bu değerin, serbest açıklık ¼ sehimlerinin ortalamasından %41 büyük olduğu görülmektedir. En düşük sehim değerleri IV no'lu sehim ölçerde kaydedilmiştir.A4-V döşemesine ait deneysel göçme mekanizması Şekil 103'te verilmektedir.

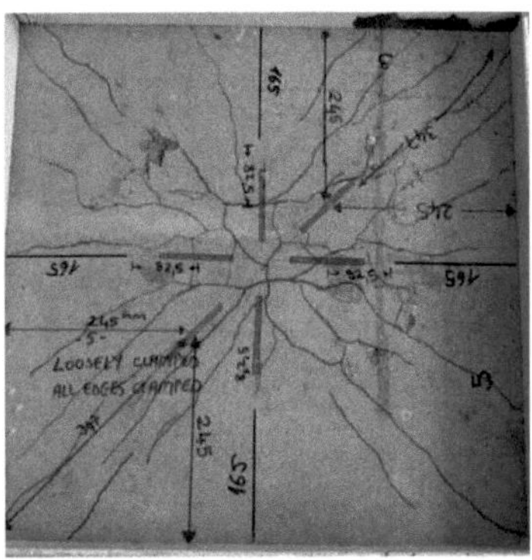

Şekil 103. A4-V döşemesine ait plastik mafsal çizgileri

B4-V döşemesi, bütün kenarlarından 3 farklı uzunluktaki profillere serbestçe oturan, iki dik doğrultuda $\phi 8/50$ donatıya sahip bir döşemedir. Döşemeye ait eğilmede taşıma kapasitesi 65,49 kN olarak ölçülmüştür. Bu yüke karşılık gelen açıklık ortası sehim (M) ise 14 mm'dir. Toplam 5 noktadan yapılan sehim ölçümleriyle yükün değişimi, B4-V döşemesi için, Şekil 104'te, sehim değerleri ise Tablo 34'te verilmektedir.

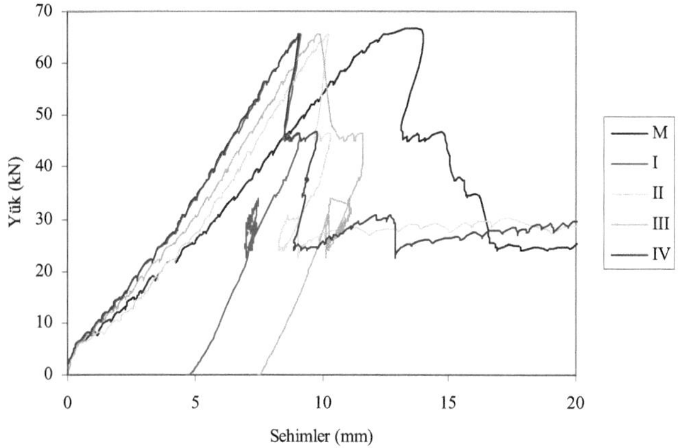

Şekil 104. B4-V döşemesine ait yük-sehim diyagramı

Tablo 34. B4-V'nin eğilme kapasitesine ait ¼ sehim değerleri

Sehim ölçerler	Sehimler (mm)
I	9,13
II	10,26
III	9,89
IV	9,11
M	14

Bu tablodan görüldüğü gibi dört sehimin ortalama değeri 9,65 mm olmaktadır. Söz konusu bu değerden, farklı boyda mesnet kullanımı nedeniyle en büyük sapma %6,89 civarındadır. Ayrıca bu ortalama, B4-V döşemesine ait, eğilme kapasitesine karşılık gelen açıklık ortası sehim olan 14 mm'den %45,1 mertebesinde küçüktür. B4-V döşemesine ait deneysel göçme mekanizması Şekil 105'te verilmektedir.

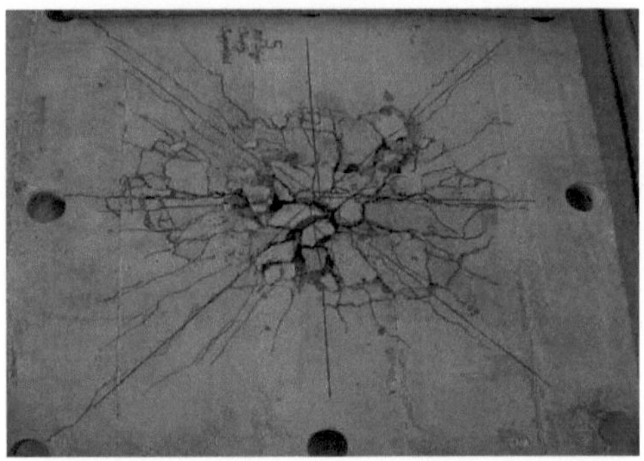

Şekil 105. B4-V döşemesine ait plastik mafsal çizgileri

K4-V döşemesi, diğer bütün "V" serisi döşemeler gibi iki dik doğrultuda $\phi 8/50$ donatıya sahip olup komşu kenarları ankastre (K) olarak denenmiştir. Döşemeye ait kırılma yükü 78,27 kN olarak kaydedilmiştir. Bu yüke karşılık gelen açıklık ortası sehim (M) ise 13,68 mm olarak ölçülmüştür. K4-V döşemesine ait yük-sehim diyagramı, Şekil 106'da, sehim değerleri ise Tablo 35'te verilmektedir.

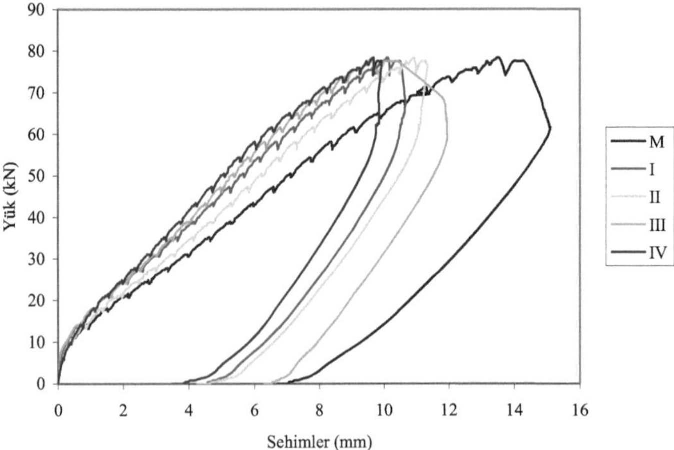

Şekil 106. K4-V döşemesine ait yük-sehim diyagramı

Tablo 35. K4-V'nin eğilme kapasitesine ait ¼ sehim değerleri

Sehim ölçerler	Sehimler (mm)
I	9,64
II	10,55
III	9,25
IV	8,96
M	13,68

Bu tablodan da görüldüğü gibi dört sehimin ortalama değeri 9,6 mm olup bu değerden, farklı boyda mesnet kullanımı nedeniyle bu değerden en büyük sapma %17 civarındadır. En düşük sehim değerleri IV no'lu sehim ölçerde kaydedilmiştir. K4-V döşemesine ait, eğilme kapasitesine karşılık gelen açıklık ortası sehiminin 13,68 mm olarak ölçüldüğü belirtilmişti. Bu değerin, serbest açıklık ¼ sehimlerinin ortalamasından %42,5 büyük olduğu görülmektedir. K4-V döşemesine ait göçme mekanizması Şekil 107'de verilmektedir.

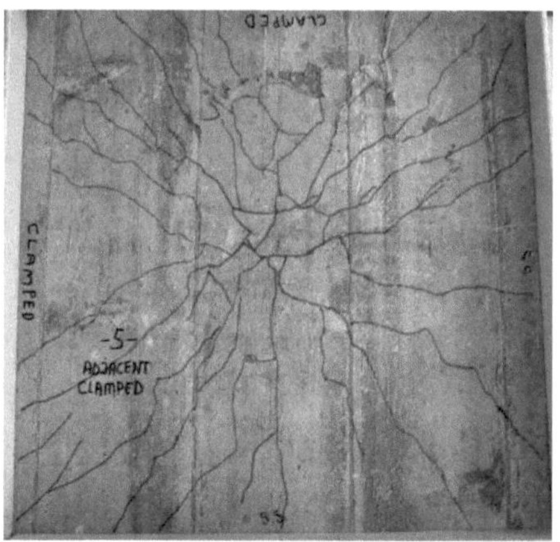

Şekil 107. K4-V döşemesine ait plastik mafsal çizgileri

P4-V döşemesinin eğilmede taşıma kapasitesi 80,71 kN olarak belirlenmiş olup bu kapasiteye 13,90 mm'lik açıklık ortası sehimi karşılık gelmektedir. P4-V döşemesine ait yük-sehim diyagramı Şekil 108'de, sehim değerleri ise Tablo 36'da verilmektedir.

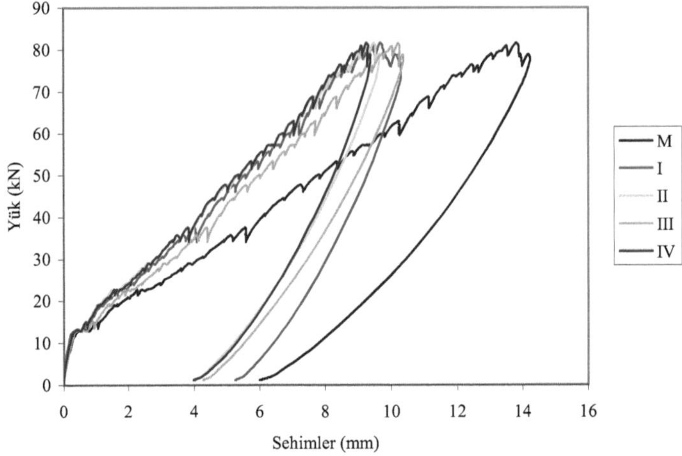

Şekil 108. P4-V döşemesine ait yük-sehim diyagramı

Paralel (karşılıklı) kenarları ankastre olan bu döşeme, önceki bölümde anlatılan mesnet teşkilinin aynına sahiptir. IV ve II no'lu sehim ölçerlere yakın olan mesnetler ankastredir. I ve III ise basit mesnetlidir. Diğer bir deyişle, döşeme bu bölgelerde mesnetleme amacıyla kullanılan çelik profillere serbestçe oturmaktadır. Serbest açıklık ¼ noktalarına karşılık gelen sehim değerleri Tablo 35'te verilmektedir.

Tablo 36. P4-V'nin eğilme kapasitesine ait ¼ sehim değerleri

Sehim ölçerler	Sehimler (mm)
I	9,74
II	10,25
III	9,52
IV	9,31
M	13,90

Serbest açıklık ¼ noktalarından ölçülen sehim değerlerinin ortalaması, P4-V döşemesi için 9,71 mm olmaktadır. Bu değerin açıklık ortası sehimi olan 13,90 mm ile kıyaslandığında, %43,2 daha küçük olduğu görülmektedir. En düşük sehim değeri IV no'lu sehim ölçerde kaydedilmiş olup, bu döşemeye ait deneysel göçme mekanizması Şekil 109'da verilmektedir.

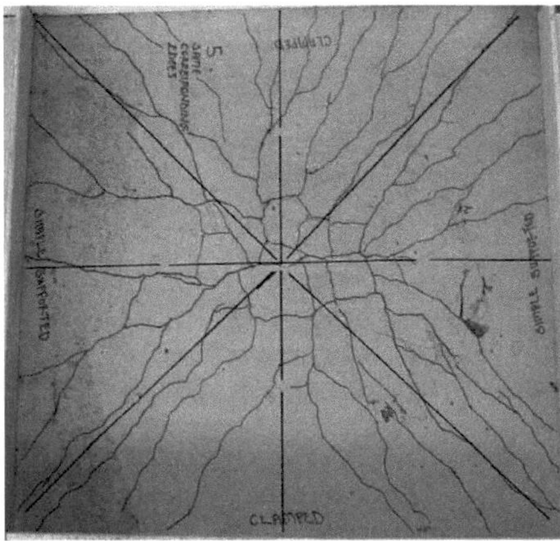

Şekil 109. P4-V döşemesine ait plastik mafsal çizgileri

Bu çalışmada, XV eklentili döşeme isimleri, donatı göz açıklığının 150 mm olduğunu göstermektedir. Bu döşemeler, iki dik doğrultuda, izotrop, $\phi 8/150$ donatı içeren döşemelerdir. Bütün deney planı içerisinde en az donatı içeren bu "XV" serisi döşemeler, yüksek dayanımlı betondan imal edilmişlerdir. Donatı aralığının kademeli olarak değiştirilmesiyle döşemenin kırılma yüklerinin ve sehimlerinin sapmaları gözlenmeye çalışılmıştır.

XV döşemelerinde sehimler ise mesnetlenme koşullarına bağlı olarak değişkenlik göstermekte olup en düşük sehim değeri, bütün kenarları ankastre olarak denenen A4-XV döşemesinde elde edilmiştir. En büyük sehim ise bütün kenarları basit mesnetli olarak denenen B4-XV döşemesinde elde edilmektedir. Diğer iki mesnetlenme koşulu, komşu kenarlar ankastre ve paralel kenarlar ankastre mesnetler, A ve B mesnetlenme koşullarının verdiği değerler arasında yer almaktadır.

A4-XV döşemesi, her iki doğrultuda $\phi 8/150$ donatı aralığına sahip yüksek dayanımlı betonarme döşemedir. Bütün kenarlarından, 3 farklı oranda ankastre olarak denenen bu döşemenin eğilmede taşıma kapasitesi 25,75 kN olarak elde edilmiştir. Taşıma kapasitesine karşılık gelen sehim değeri ise 6,1 mm'dir. A4-XV döşemesine ait yük-sehim diyagramı Şekil 110'da, sehim değerleri ise Tablo 37'de verilmektedir.

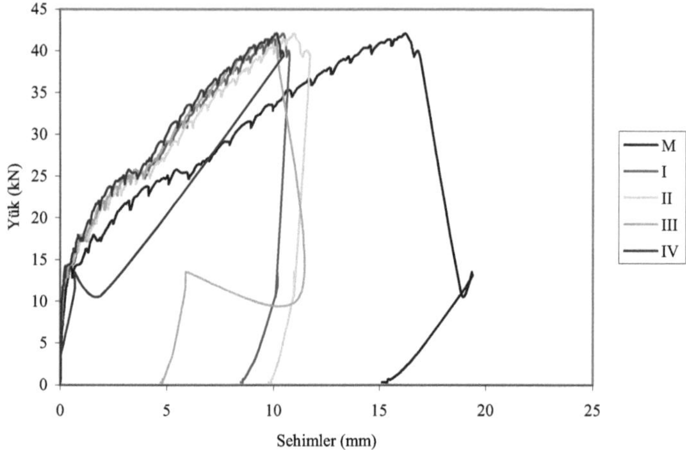

Şekil 110. A4-XV döşemesine ait yük-sehim diyagramı

Tablo 37. A4- XV'nin eğilme kapasitesine ait ¼ sehim değerleri

Sehim ölçerler	Sehimler (mm)	Maksimum kapasiteye karşılık gelen sehim
I	3,95	10,03
II	4,23	10,92
III	4,03	10,41
IIII	3,69	10,08
M	6,10	16,15

Serbest açıklık ¼ noktalarında, eğilme kapasitesine karşılık gelen sehim değerlerinin ortalaması 3,98 mm olmaktadır. Bu değer, açıklık ortası sehim değeri olan 6,1 mm'den %53,1 oranında küçüktür. Ayrıca, farklı oranlarda kenar mesnetlenmeleri nedeniyle ortalama değerden en büyük sapma %7,85 mertebesindedir. I ve III'te ortalama değerler elde edilmiş olup bu iki değer, II ve IV'ten elde edilen değerler arasına düşmektedir. En küçük sehim değeri IV no'lu sehim ölçerde kaydedilmiş ve döşemeye ait plastik mafsal çizgileri Şekil 111'de verilmektedir.

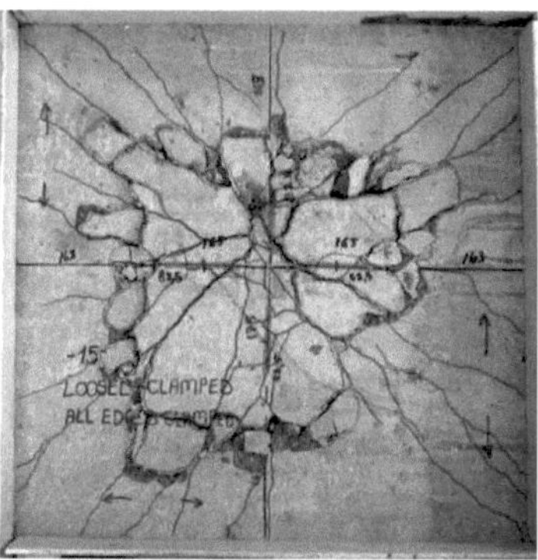

Şekil 111. A4-XV döşemesine ait plastik mafsal çizgileri

B4-XV döşemesi iki dik doğrultuda $\phi 8/150$ donatıya sahip bir döşemedir. Bütün kenarları basit mesnetli olacak şekilde denenmiştir. Döşemenin eğilmede taşıma kapasitesi 22,96 kN elde edilmiştir. Bu kapasiteye karşılık gelen açıklık ortası sehim değeri de 17,85 mm olarak kaydedilmiştir. B4-XV döşemesine ait yük-sehim ilişkileri Şekil 112'de, sehim değerleri ise Tablo 38'de verilmektedir.

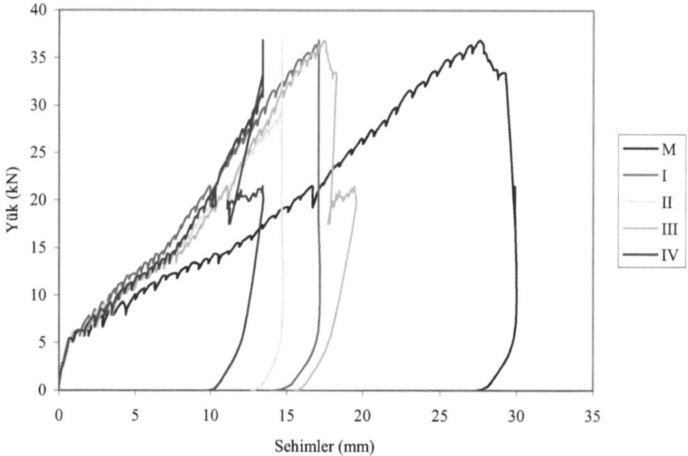

Şekil 112. B4-XV döşemesine ait yük-sehim diyagramı

Tablo 38. B4-XV'nin eğilme kapasitesine ait ¼ sehim değerleri

Sehim ölçerler	Sehimler (mm)	Maksimum kapasiteye karşılık gelen sehim
I	10,69	17,08
II	11,78	14,67
III	11,69	17,41
IIII	10,62	13,41
M	17,85	27,54

Serbest açıklık ¼ noktalarında, eğilme kapasitesine karşılık gelen sehim değerlerinin ortalaması 11,19 mm olmaktadır. Bu değer, açıklık ortası sehim değeri olan 17,85 mm'den %59,5 oranında küçüktür. Farklı kenar mesnet uzunlukları nedeniyle ortalama değerden en büyük sapma %5,3 mertebesindedir. En küçük sehim değeri IV no'lu sehim ölçerde kaydedilmiş olup B4-XV döşemesine ait plastik mafsal çizgileri Şekil 113'te verilmektedir.

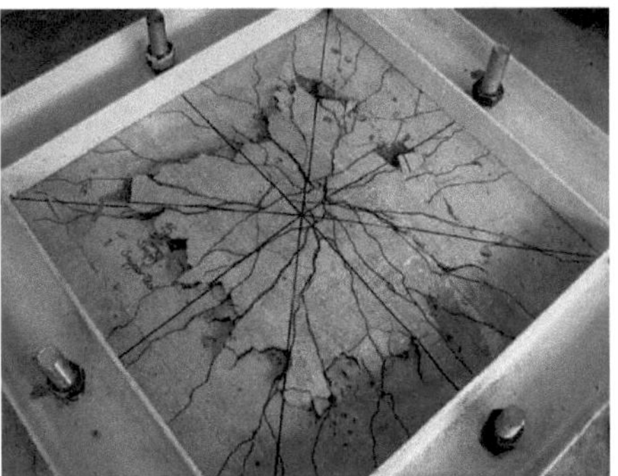

Şekil 113. B4-XV döşemesine ait plastik mafsal çizgileri

K4-XV döşemesi, 900x900x40 mm boyutlarında, iki dik doğrultuda $\phi 8/15$ donatıya sahip, komşu kenarları ankastre olarak (K) denenen bir döşemedir. K4-XV döşemesinin eğilmedeki taşıma kapasitesi 24,43 kN olarak elde edilmiştir. Bu değere karşılık gelen açıklık ortası sehimi ise 9,92 mm olarak ölçülmüştür. K4-XV döşemesine ait yük-sehim diyagramı Şekil 114'te, sehimler ise Tablo 39'da verilmektedir.

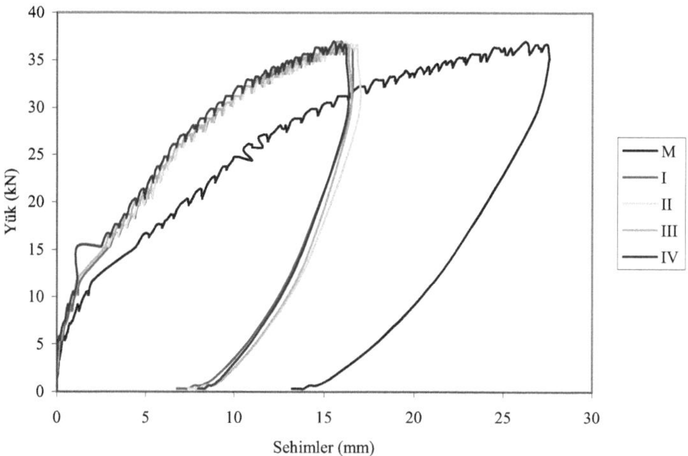

Şekil 114. K4-XV döşemesine ait yük-sehim diyagramı

Tablo 39. K4-XV'nin eğilme kapasitesine ait ¼ sehim değerleri

Sehim ölçerler	Sehimler (mm)	Maksimum kapasiteye karşılık gelen sehim
I	6,44	14,95
II	6,44	15,21
III	6,25	14,80
IV	6,00	14,48
M	9,92	24,41

Tablo 39'da verilen serbest açıklık ¼ noktalarındaki sehimlerin ortalama değeri 6,28 mm olup bu değer, açıklık ortası sehimi olan 9,92 mm'den %57,9 oranında küçük olmaktadır. Ayrıca farklı mesnetlenmeler nedeniyle bu döşeme için ¼ sehimler arasındaki sapma, ortalama değere göre %4,6 mertebesindedir. En düşük sehim değeri IV no'lu sehim ölçerde kaydedilmiş olup, K4-XV döşemesine ait göçme mekanizması Şekil 115'te verilmektedir.

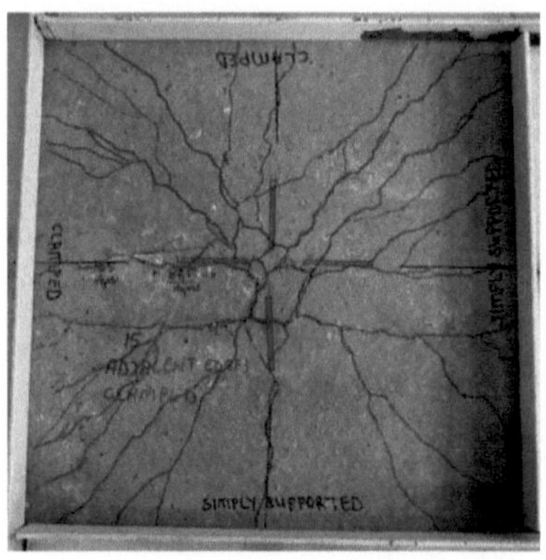

Şekil 115. K4-XV döşemesine ait plastik mafsal çizgileri

P4-XV döşemesinin eğilmede taşıma kapasitesi, yapılan deney sonucunda 24,09 kN olarak belirlenmiş olup bu değere karşılık gelen açıklık ortası (M) sehim değeri de 16,92 mm olarak elde edilmiştir. Döşemenin yük-sehim diyagramı Şekil 116'da verilmektedir.

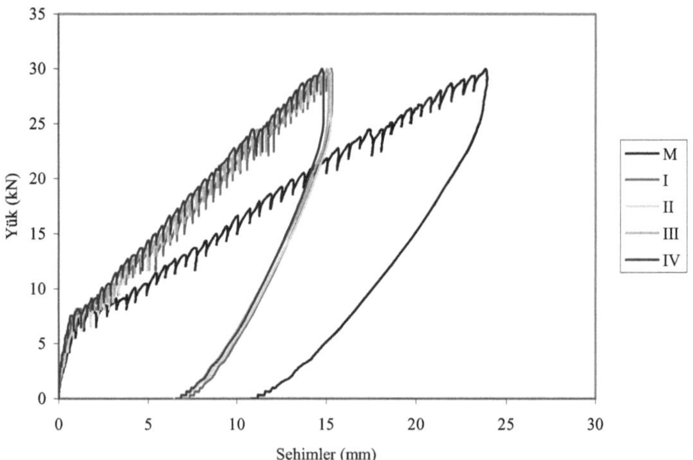

Şekil 116. P4-XV döşemesine ait yük-sehim diyagramı

P4-XV döşemesinin eğilmede taşıma kapasitesine karşılık gelen serbest açıklık ¼ sehimleri, Tablo 40'da verilmektedir.

Tablo 40. P4-XV'nin eğilme kapasitesine ait ¼ sehim değerleri

Sehim ölçerler	Sehimler (mm)	Maksimum kapasiteye karşılık gelen sehim
I	10,90	15,05
II	10,84	15,18
III	11,33	15,28
IV	10,64	14,77
M	16,92	23,85

Serbest açıklığın ¼ noktalarından elde edilen sehim değerlerinin ortalaması, 10,93 mm olmaktadır. Döşemenin eğilme kapasitesine karşılık gelen açıklık ortası sehiminin 16,92 mm olduğu daha önce belirtilmişti. Ortalama değer, açıklık ortası sehiminden %54,8 daha küçük elde edilmektedir. Ayrıca bu döşemede, farklı kenar mesnetlenmeleri nedeniyle sehimlerin ortalama değere göre en büyük sapması, %3,66 mertebesindedir. En düşük sehim değeri IV no'lu sehim ölçerde kaydedilmiş olup döşemeye ait göçme mekanizması Şekil 117'de verilmektedir.

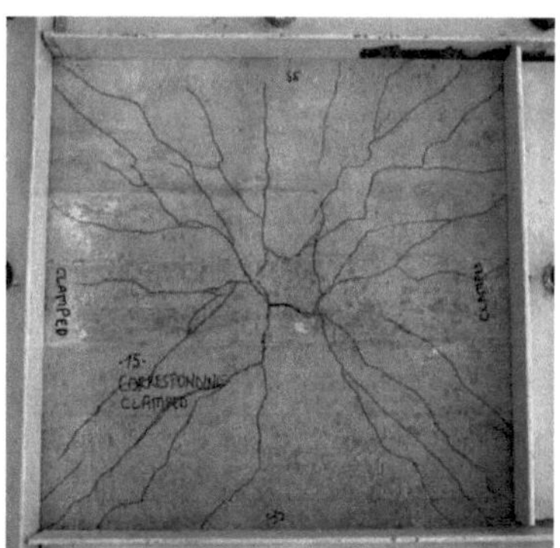

Şekil 117. P4-XV döşemesine ait plastik mafsal çizgileri

3.4. Yüksek Dayanımlı Betonarme Döşemelerle Geleneksel Betonarme Döşemelerin Karşılaştırılması

Yüksek dayanımlı döşeme davranışlarının plastik mafsal çizgileri teorisine göre incelenmesini amaçlayan bu çalışmada döşeme davranışları arasında karşılaştırma yapmak amacıyla her boyuttan 1 adet olmak üzere toplam 3 adet geleneksel döşeme üretilerek deneye tabi tutulmuştur. Üretilen döşeme boyutları, 900x900x40, 900x1300x40 ve 1300x1300x40 mm'dir. Döşemeler sırasıyla, G harfi geleneksel betondan yapıldıklarını göstermek üzere, AG4, AGD4 ve AGB4 olarak isimlendirilmişlerdir. Buna göre AGD4, bütün kenarları ankastre (A), geleneksel betondan yapılan (G), dikdörtgen (D), 40 mm kalınlığındaki döşeme olmaktadır. Mesnetlenmeler, bütün kenarlar ankastre olacak şekilde ayarlanmıştır. Önceki bölümde anlatılan bütün kenarların ankastre olduğu (A) mesnetlenmeler 3 farklı boyutta üretilen geleneksel betonarme döşemelere de aynen uygulanmıştır. Eğilme etkisinde döşemede plastik mafsal aşamasının başlaması kriterine göre bakıldığında, beton kalitesi düştükçe döşemenin daha fazla sehim yaptığı sonucu çıkmaktadır. Bu durum Tablo 41'de verilen değerlerden görülebilmektedir. Ancak yüksek dayanımlı döşemeler için yük-sehim grafiklerinin eğilmeden sonra eriştikleri pik noktaları daha yüksek olup, daha rijittirler. Geleneksel betonarme döşemelerde de boyutlar büyüdükçe kırılma yüklerine tekabül eden sehim değerlerinde artış görülmektedir. Bu artış, 900x900x40 mm boyutlu AG4'e göre, boyutlar 1 doğrultuda 400 mm büyütüldüğünde (AGD4) 2,67 kat; boyutlar 2 doğrultuda 400'er mm büyütüldüğünde (AGB4) 3,02 kat mertebesine ulaşmaktadır.

Tablo 41. Geleneksel betonarme döşemelere ait değerler

Mesnet Tipi	Beton	Ad	Boyutlar (mm)	Yük (kN)	Sehimler (mm)
A Bütün kenarlar ankastre	Geleneksel	AG4	900x900x40	39,56	27,72
	Geleneksel	AGD4	900x1300x40	34,62	54,48
	Geleneksel	AGB4	1300x1300x40	32,76	56,12

AG4 döşemesi, 900x900x40 mm boyutlarında, geleneksel beton ile üretilen bir döşemedir. Bu döşemeler bütün kenarları ankastre (A) olarak denenmiştir. Döşemenin eğilmede taşıma kapasitesi 39,56 kN, bu değere karşılık gelen açıklık ortası sehim is 27,72 mm olarak ölçülmüştür. Söz konusu döşemenin yük-sehim diyagramı Şekil 118'de, sehim değerleri ise Tablo 42'de verilmektedir.

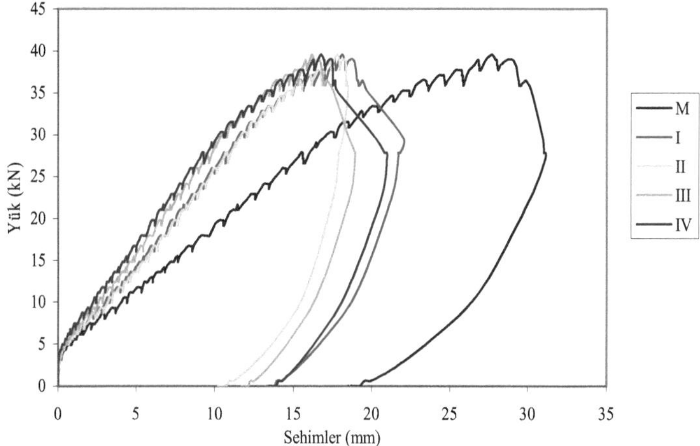

Şekil 118. AG4 döşemesine ait yük-sehim diyagramı

Tablo 42. AG4'ün eğilme kapasitesine ait ¼ sehim değerleri

Sehim ölçerler	Sehimler (mm)
I	18,13
II	17,79
III	16,21
IV	16,76
M	27,72

Serbest açıklığın ¼ noktalarında yapılan ölçümlerin ortalaması 17,22 mm olmaktadır. Bu değer, açıklık ortası sehimi olan 27,72 mm'den %60,9 daha küçüktür. Ayrıca döşemenin sehimleri arasındaki sapma, farklı mesnet boyları nedeniyle %6,2 sapma belirlenmiştir. AG4 döşemesine ait deneysel plastik mafsal çizgileri Şekil 119'da verilmektedir.

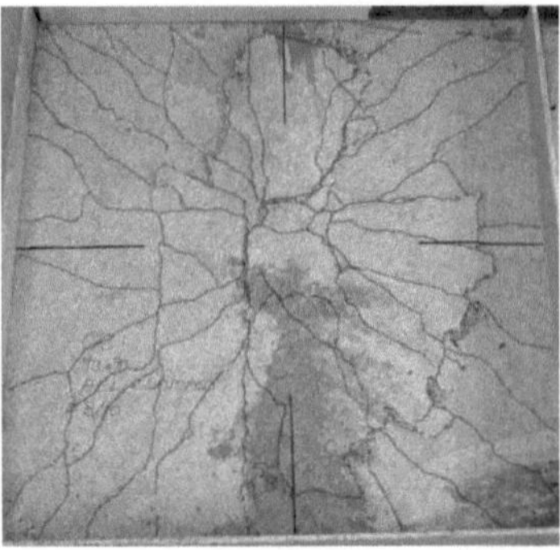

Şekil 119. AG4 döşemesine ait plastik mafsal çizgileri

AGD4 döşemesi, 900x1300x40 mm boyutlarındadır. Bu döşemede 100 mm donatı göz açıklığı mevcuttur. Döşemenin eğilmede taşıma kapasitesi 34,62 kN, bu değere karşılık gelen açıklık ortası sehim is 54,48 mm olarak ölçülmüştür. Söz konusu AGD4 döşemesinin yük-sehim diyagramı Şekil 120'de, sehim değerleri ise Tablo 43'te verilmektedir.

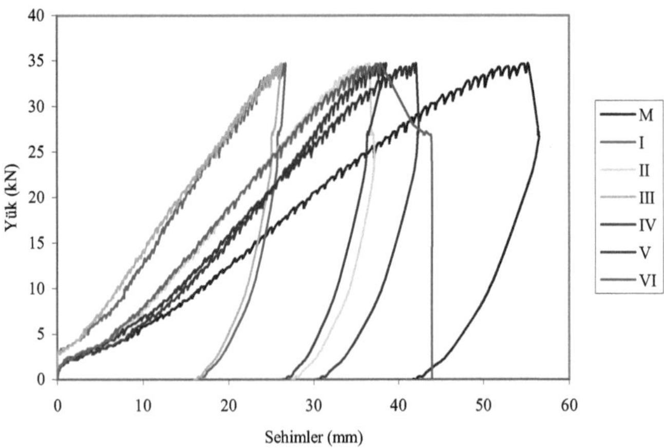

Şekil 120. AGD4 döşemesine ait yük-sehim diyagramı

Tablo 43. AGD4'ün eğilme kapasitesine ait ¼ sehim değerleri

Sehim ölçerler	Sehimler (mm)
I	26,54
II	36,21
III	26,10
IV	38,28
V	41,74
VI	37,36
M	54,48

Döşemenin açıklık ortasından 165 mm mesafede yer alan sehim değerlerinin ortalaması 38,37 mm olup bu değer açıklık ortası sehiminden %41,9 oranında küçüktür. AGD4 döşemesine ait göçme mekanizması Şekil 121'de verilmektedir.

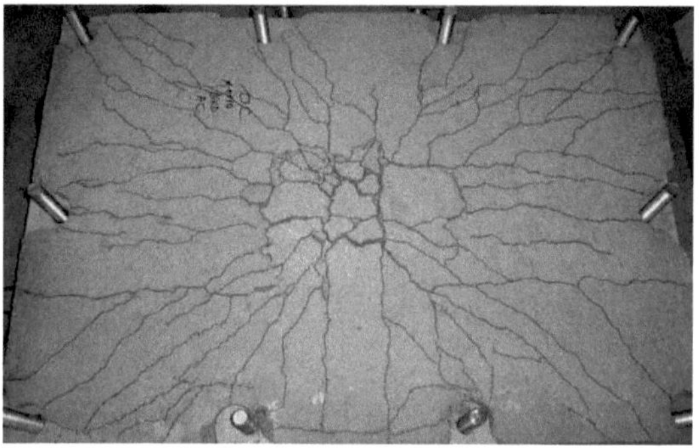

Şekil 121. AGD4 döşemesine ait plastik mafsal çizgileri

AGB4 döşemesi, 1300x1300x40 mm boyutlarında, geleneksel betondan imal edilmiş bir döşemedir. Döşeme donatısı, bütün geleneksel döşemelerde olduğu gibi, iki dik doğrultuda $\phi 8/100$ olarak belirlenmiştir. AGB4 döşemesinin eğilmede taşıma kapasitesi 32,76 kN, bu değere tekabül eden açıklık ortası sehim değeri ise 56,12 mm olarak kaydedilmiştir. AGB4 döşemesine ait yük-sehim diyagramı Şekil 122'de, sehimler ise Tablo 44'te verilmektedir.

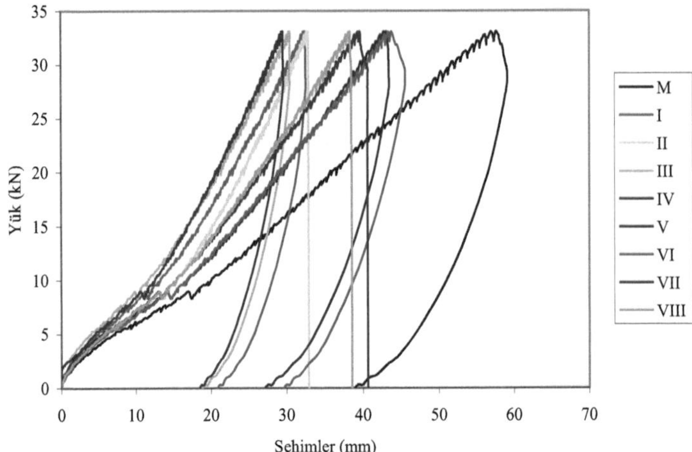

Şekil 122. AGB4 döşemesine ait yük-sehim diyagramı

Tablo 44. AGB4'ün eğilme kapasitesine ait ¼ sehim değerleri

Sehim ölçerler	Sehimler (mm)
I	31,92
II	32,34
III	30,03
IV	29,10
V	42,36
VI	42,92
VII	38,97
VIII	37,84
M	56,12

Serbest açıklığın ¼ noktalarından yapılan ölçümlerin ortalama değeri 30,85 mm olmaktadır. Bu değer, açıklık ortası sehimi olan 56,12 mm değerinden %82,9 oranında küçüktür. Ayrıca farklı mesnet koşulları nedeniyle bu sehimler arasında ortalama değere göre en fazla %4,8 mertebesinde olmaktadır. Bu değerlere ek olarak yine döşemenin eğilme kapasitesine karşılık gelen, ancak bu sefer açıklık ortasından 165 mm mesafede simetrik olarak yer alan V,VI,VII ve VIII no'lu sehim ölçerlerden alınan değerlerin ortalaması 40,38 mm olup açıklık ortası sehiminden %38,9 oranında küçüktür. AGB4 döşemesi için göçme mekanizması Şekil 123'te verilmektedir.

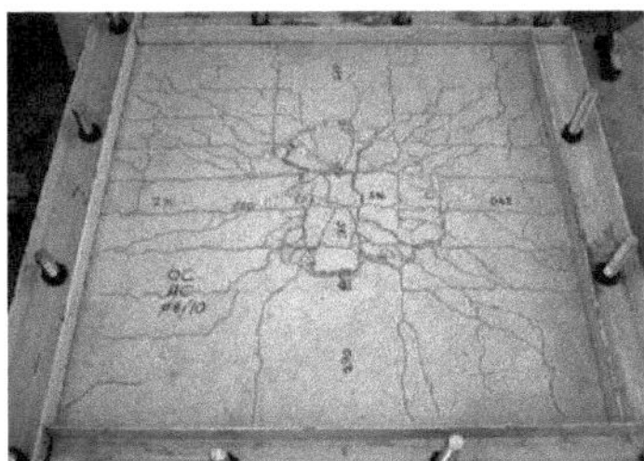

Şekil 123. AGB4 döşemesine ait plastik mafsal çizgileri

3.5. Lif İçeren Yüksek Dayanımlı Beton Döşemelerin Geleneksel Beton Döşemelerle Karşılaştırılması

Yüksek dayanımlı döşemelerin plastik mafsal çizgileri yöntemine göre incelenmesini amaçlayan bu çalışmada öncelikle yüksek dayanımlı betonarme döşemeler üzerinde deneyler gerçekleştirilmiştir. Bu kısımda döşemelerde donatı kullanılmamış, döşemelerin farklı lif içeriğindeki davranışları araştırılmıştır. Araştırma, diğer bölümlerdeki gibi beton kalitesi değiştirilerek sürdürülmüştür. Döşemeler, iki farklı boyutta, iki farklı beton sınıfında, iki farklı lif içeriğinde, açıklık ortasından tekil yükle yüklenerek denenmişlerdir. Ancak deneylerde, sadece bir mesnetlenme koşulu dikkate alınmıştır. Bu mesnetlenme koşulu, bütün kenarların ankastre olduğu (A) durumdur. Döşemelerin üretiminde kullanılan lif içeriği hacimce, "0,50" ve"1,00" olarak belirlenmiştir. Deneyler sonucu söz konusu döşemeler için elde edilen veriler Tablo 45'te verilmektedir.

Tablo 45. Lifli beton döşemelere ait değerler

Mesnet tipi	Lif (%)	Beton	Ad	Boyutlar(mm)	Yük(kN)
A Bütün kenarlar ankastre	0,50	Yüksek dayanımlı	AL4	900x900x40	12,98
		Yüksek dayanımlı	ALB4	1300x1300x40	9,58
		Geleneksel	AGL4	900x900x40	4,59
		Geleneksel	AGLB4	1300x1300x40	4,01
	1,0	Yüksek dayanımlı	AL4I	900x900x40	15,45
		Yüksek dayanımlı	ALB4I	1300x1300x40	13,29
		Geleneksel	AGL4I	900x900x40	4,02
		Geleneksel	AGLB4I	1300x1300x40	3,71

Çelik lifli geleneksel betonlarla üretilen döşemelerde eğilme yükünün lif oranı ile fazla değişmediği, yüksek dayanımlı lifli beton döşemelerde, lif içeriği arttıkça döşemenin taşıma gücünün arttığı görülmektedir. Denenen döşemelerden elde edilen sonuçlara göre yüksek dayanımlı beton döşemelerde dayanımın yalnızca lif içeriğine bağlı olduğu anlaşılmaktadır. Öte yandan deney sonuçları bu durumun geleneksel beton döşemeler için pek de geçerli olmadığını ortaya koymaktadır. Zira bu tür döşemelerde kırılma yükü, lif içeriği %100 artırıldığında ve döşeme boyutları değiştiğinde aynı kalmaktadır.

AL4 döşemesi, 900x900x40 mm boyutlarında, yüksek dayanımlı lifli bir beton döşemedir. 8 adet ankraj deliği içermekte ve deney sistemine montajı bu delikler vasıtasıyla yapılmaktadır. Döşemede betonarme donatısı kullanılmamıştır. AL4 döşemesi, hacminin % 0,50'si oranında çelik lif içeren bir döşemedir. Döşemenin mesnet koşulları daha önceden verilen bütün kenarların ankastre olduğu hal için denenmiştir. Ölçüm için kullanılan sehim ölçerlerin yerleşim şeması da 900x900x40 mm boyutundaki diğer döşemelerle aynıdır. Döşemeye ait kırılma yükü 12,98 kN olup döşemenin bu yükte yaptığı açıklık ortası sehim ise 24,28 mm'dir. AL4'ün yük-sehim diyagramı Şekil 124'te, sehim değerleri ise Tablo 46'da verilmektedir.

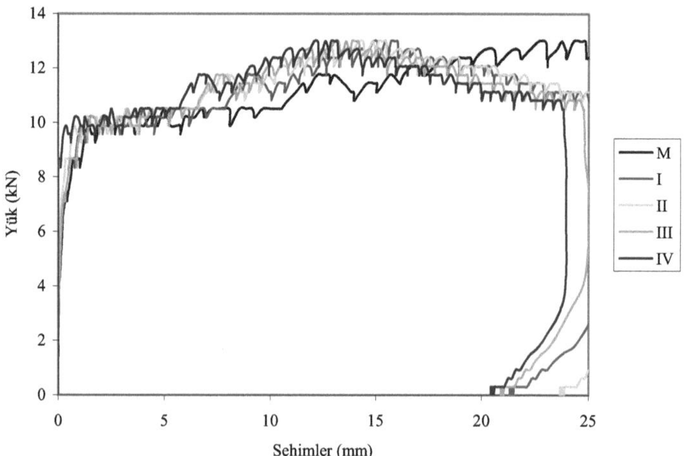

Şekil 124. AL4 döşemesine ait yük-sehim diyagramı

Tablo 46. AL4'ün eğilme kapasitesine ait ¼ sehim değerleri

Sehim ölçerler	Sehimler (mm)
I	15,72
II	13,87
III	15,13
IV	12,87
M	24,28

Bu dört sehim değerinin ortalaması 14,39 mm olup bu değer, açıklık ortası sehimi olan 24,28 mm'den %68,7 oranında küçüktür. En düşük sehim IV no'lu sehim ölçerde kaydedilmiş olup bu döşemeye ait göçme mekanizması Şekil 125'te verilmektedir.

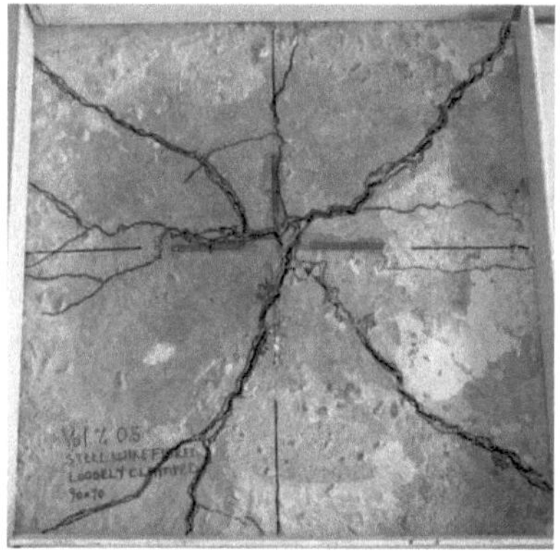

Şekil 125. AL4 döşemesine ait göçme mekanizması

ALB4 döşemesi, 1300x1300x40 mm boyutlarında, yüksek dayanımlı betondan yapılmış lifli bir döşemedir. Lif içeriği hacimce %0,50 olarak belirlenmiştir. Döşemeye ait göçme yükü 9,58 kN olarak, bu yüke tekabül eden açıklık ortası sehim değeri ise 34,72 mm olarak ölçülmüştür. ALB4 döşemesine ait yük-sehimi diyagramı Şekil 126'da, sehim değerleri ise Tablo 47'de verilmektedir.

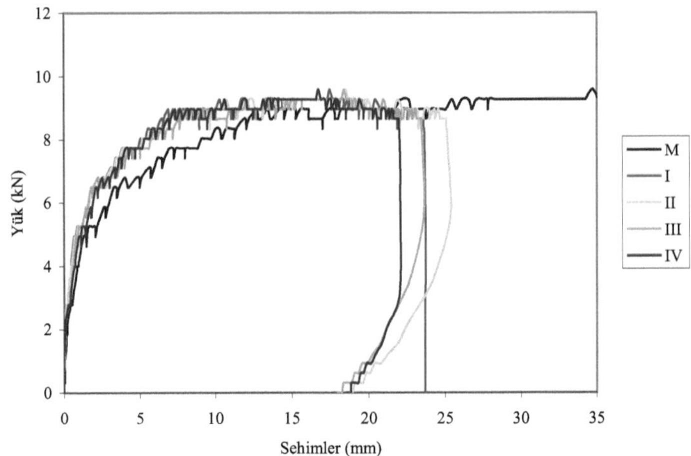

Şekil 126. ALB4 döşemesine ait yük-sehim diyagramı

Tablo 47. ALB4'ün eğilme kapasitesine ait ¼ sehim değerleri

Sehim ölçerler	Sehimler (mm)
I	18,31
II	18,52
III	17,47
IV	16,74
M	34,72

Bu döşemelerde ¼ sehimlerin ortalama değeri 17,76 cm olup açıklık ortası sehimin bu değere oranı 1,95'tir. Ayrıca farklı mesnet düzeni nedeniyle sehimler arasındaki sapma en fazla %6,1 mertebesindedir. En küçük sehim değeri IV no'lu sehim ölçerde kaydedilmiş olup, ALB4 döşemesinin göçme mekanizması Şekil 127'de verilmektedir.

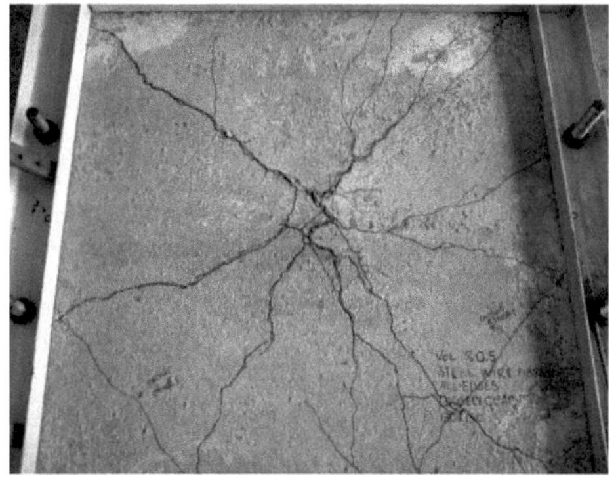

Şekil 127. ALB4 döşemesine ait göçme mekanizması

AGL4 döşemesi, geleneksel betondan imal edilmiş 900x900x40 mm boyutlarında bir döşemedir. Döşemenin hacimce lif oranı %0,50 olup eğilmede taşıma kapasitesi 4,59 kN olarak belirlenmiştir. Bu kapasiteye karşılık gelen açıklık ortası sehimi ise 6,11 mm olarak ölçülmüştür. Döşemeye ait yük-açıklık ortası sehim değerleri Şekil 128'de, döşemenin göçme mekanizması ise Şekil 129'da verilmektedir. Bu deneyde yalnızca açıklık ortası sehimi okunabilmiştir. Serbest açıklık ¼ sehimleri ölçüm sisteminde oluşan bir bağlantı hatası nedeniyle belirlenememiştir.

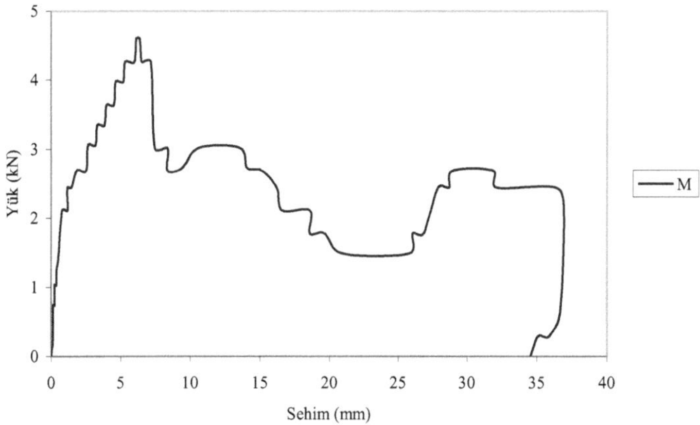

Şekil 128. AGL4 döşemesine ait yük-sehim diyagramı

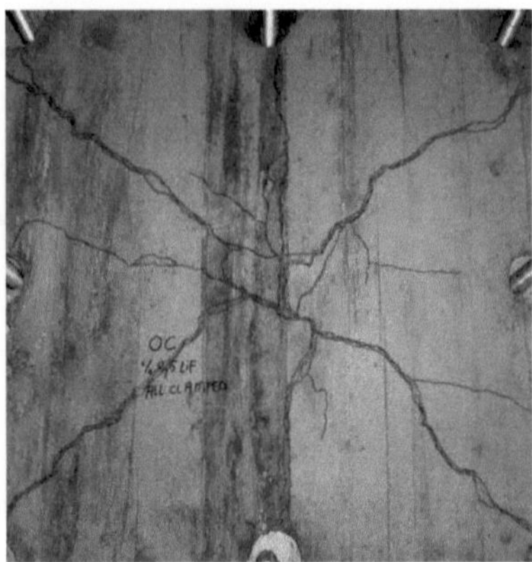

Şekil 129. AGL4 döşemesine ait göçme mekanizması

AGLB4 döşemesi, 1300x1300x40 mm boyutlarında geleneksel betondan imal edilmiş bir döşemedir. Döşemenin eğilmede taşıma kapasitesi 4,01 kN olarak belirlenmiş olup bu değere karşılık gelen açıklık ortası sehim 4,13 mm olarak ölçülmüştür. Yük-sehim eğrileri Şekil 130'da, sehim değerleri ise Tablo 48'de verilmektedir.

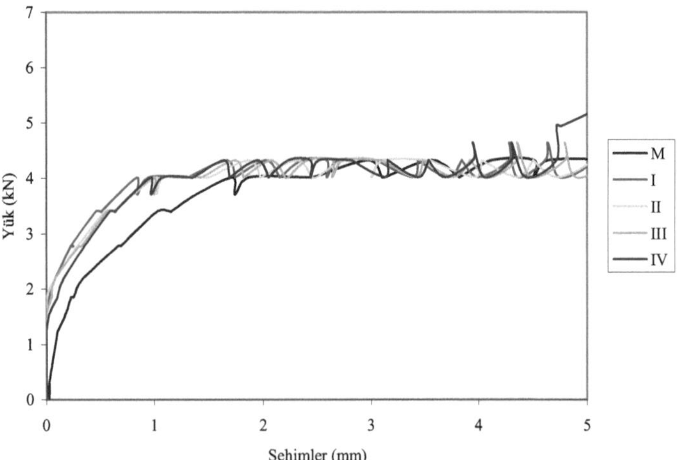

Şekil 130. AGLB4 döşemesine ait yük-sehim diyagramı

Tablo 48. AGLB4'ün eğilme kapasitesine ait ¼ sehim değerleri

Sehim ölçerler	Sehimler (mm)	Göçmeden sonraki en büyük yüke karşılık gelen sehim (mm)
I	2,35	7,33
II	2,74	8,46
III	2,41	7,76
IV	2,23	7,07
M	4,13	13,56

Bu döşemenin ¼ sehimlerinin ortalama değeri 2,43 mm olarak belirlenmiştir. Bu değer, açıklık ortası sehime oranlandığında ortaya 1,69 oranı çıkmaktadır. Sehimler arasındaki sapma en fazla %12,8 mertebesindedir. En düşük sehim değeri IV no'lu sehim ölçerde kaydedilmiştir. Bu döşemeye ait göçme mekanizması Şekil 131'de verilmektedir.

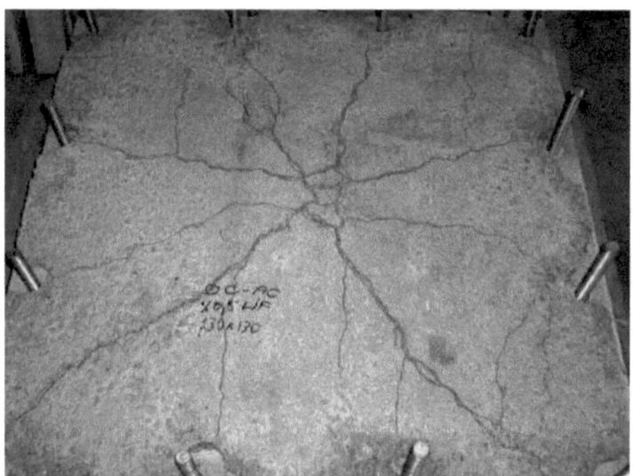

Şekil 131. AGLB4'e ait göçme mekanizması

AL4I döşemesi, 900x900x40 mm boyutlarında, lif içeriği hacimce %1 olan yüksek dayanımlı betondan yapılmıştır. Döşemenin taşıma kapasitesi 15,45 kN olarak belirlenmiştir ve bu yüke karşılık gelen açıklık ortası sehim ise 23,33 mm'dir. AL4I döşemesinin yük-sehim diyagramı Şekil 132'de, sehim değerleri ise Tablo 49'da verilmektedir.

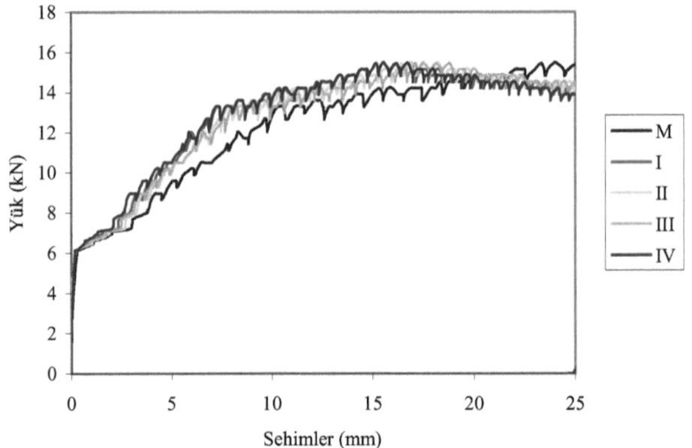

Şekil 132. AL4I döşemesine ait yük-sehim diyagramı

Tablo 49. AL4I'in eğilme kapasitesine ait ¼ sehim değerleri

Sehim ölçerler	Sehimler (mm)
I	15,18
II	17,13
III	16,41
IV	15,17
M	23,33

Bu döşemenin ¼ sehimlerinin ortalaması 15,98 mm olup bu değerin açıklık ortası sehim olan 23,33 mm'den %45,9 küçüktür. Sehimler arasındaki sapma %7,2 mertebesindedir. En düşük sehim IV no'lu sehim ölçerde okunmuş olup bu döşemenin göçme mekanizması Şekil 133'te verilmektedir.

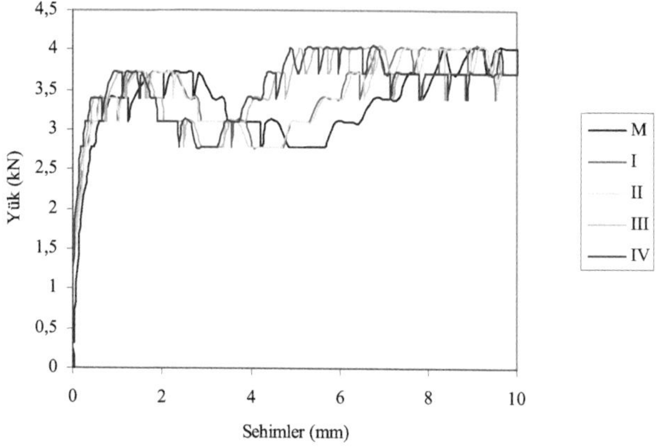

Şekil 136. AGL4I döşemesine ait yük-sehim diyagramı

Tablo 51. AGL4I'nın eğilme kapasitesine ait ¼ sehim değerleri

Sehim ölçerler	Sehimler (mm)
I	5,86
II	7,95
III	7,82
IV	5,64
M	9,56

Bu döşemenin ¼ sehimlerin ortalaması 6,82 mm'dir. Bu değer açıklık ortası sehiminden %40,1 oranında küçüktür. En düşük sehim IV no'lu sehim ölçerde kaydedilmiş olup döşemenin göçme mekanizması Şekil 137'de verilmektedir.

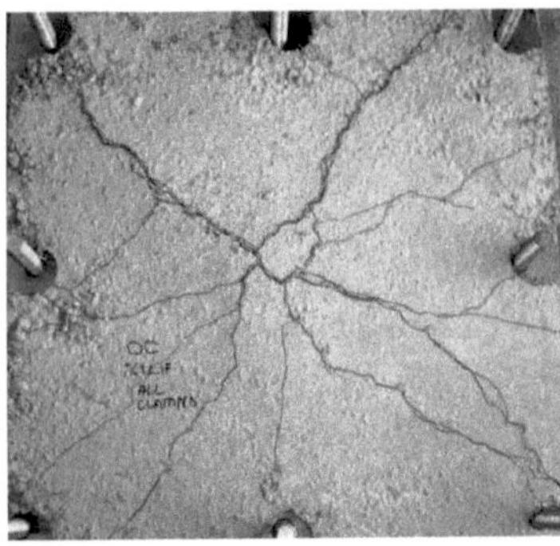

Şekil 137. AGL4I döşemesine ait göçme mekanizması

AGLB4I döşemesi, 1300x1300x40 mm boyutlarındadır. Döşeme betonu geleneksel beton olup hacimce %1 lif içermektedir. Döşemenin kırılma yükü 3,71 kN olarak elde edilmiştir. Bu değere karşılık gelen açıklık ortası sehim ise 26,54 mm olarak kaydedilmiştir. AGLB4I döşemesinin yük-sehim diyagramı Şekil 138'de, sehim değerleri ise Tablo 52'de verilmektedir.

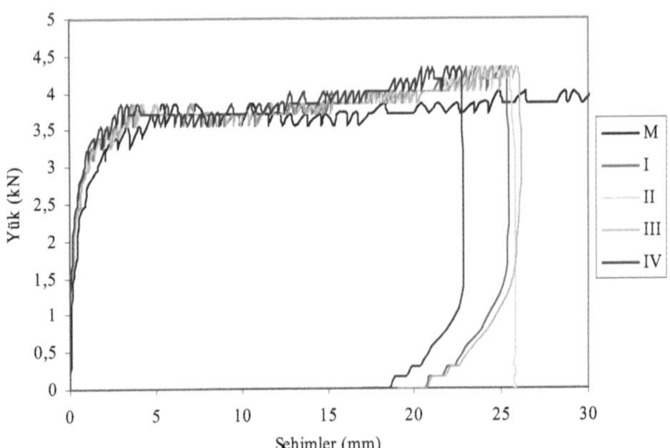

Şekil 138. AGLB4I döşemesine ait yük-sehim diyagramı

Tablo 52. AGLB4I'nın eğilme kapasitesine ait ¼ sehim değerleri

Sehim ölçerler	Sehimler (mm)
I	16,33
II	16,48
III	16,05
IV	13,69
M	26,54

AGLB4I döşemesinin ¼ sehimlerinin ortalaması 15,64 mm'dir. Bu değer açıklık ortası sehiminden %69,6 oranında küçüktür. AGLB4I döşemesinin göçme mekanizması Şekil 139'da verilmektedir.

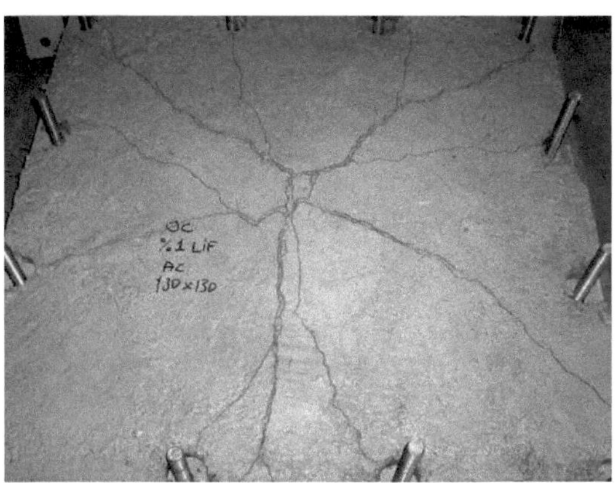

Şekil 139. AGLB4I'e ait göçme mekanizması

3.6. Donatı Aralığı 100 mm Olan 40 mm Kalınlığındaki Yüksek Dayanımlı Döşemeler

Yüksek dayanımlı beton kullanılarak üretilen, donatı aralığı 100 mm olan yüksek dayanımlı döşemelerin eğilme altında plastik mafsal oluşumuna karşılık gelen yük değeri(taşıma gücü) Şekil 140'ta verilmektedir.

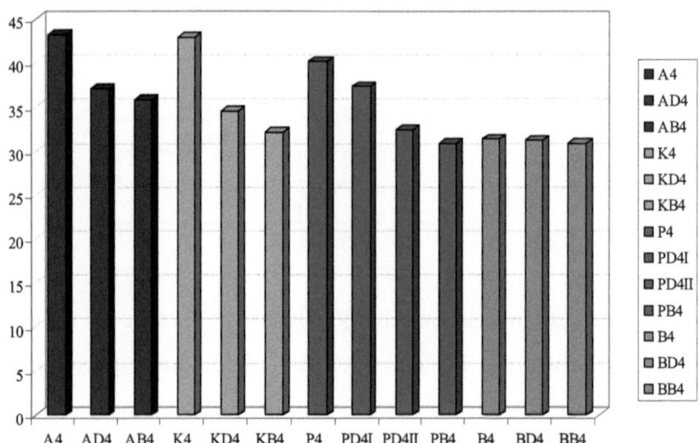

Şekil 140. Donatı göz açıklığı 100 mm döşemelerin eğilmede taşıma kapasiteleri

Bu şekilden kenar mesnetlerinin ankastre olduğu halden başlayarak aynı boyutlardaki döşemeler için taşıma gücünün kenar koşullarına bağlı olarak azaldığı görülmektedir. 40 mm kalınlıklı döşemelerden serbest açıklığı 660x660x40 mm boyutlu olanlarında en yüksek taşıma gücü, kenarların tümünün ankastre olduğu A4 döşemesinde elde edilmiştir. A4'ün taşıma kapasitesi ile (43,57 kN) K4'ün taşıma kapasitesi (42,96 kN) arasında mesnet özelliğinin değiştirilmesinden dolayı oluşan fark %1,4 mertebesindedir. P4 döşemesinin taşıma kapasitesi (41,11 kN) ise A4'ün taşıma kapasitesinden %5,9 küçük elde edilmiştir.

Boyutları 900x1300x40 mm olan döşemelerin taşıyabildikleri yük değeri A4,K4 ve P4'den daha fazla dağılım göstermektedir. Şekilde verilen PD4I iki kısa kenarın ankastre olduğu durumu, PD4II ise iki uzun kenarının ankastre olduğu durumu göstermektedir.

Yapılan deneylerden, 1300x1300x40 mm boyutundaki döşemelerin açıklık ortasında taşıyabildikleri tekil yük AB4 için 35,85 kN ; KB4 için 31,84 kN ve PB4 için ise 31,50 kN olarak belirlenmiştir. KB4'ün yük değeri AB4'ten %12,5 ; PB4'ün yük değeri ise %13,8 daha küçüktür.

Tüm kenarları serbestçe oturan döşemelerin (B), değerleri Şekil 143'te yeşil renkli sütunlarla verilmektedir. B4, BD4 ve BB4'ün yük değerleri yapılan deneyler sonucunda sırasıyla "31,79 kN", "31,22 kN" ve "30,59 kN" olarak belirlenmiştir. Deney sonuçları arasındaki en az farklılaşma bu seride kaydedilmiş olup BD4 döşemesi B4'ten %1,8; BB4 döşemesi ise BD4'ten %3,9 mertebesinde küçüktür.

Benzer profiller kullanılarak oluşturulan deney sisteminde deneye tabi tutulan döşemeler arasında boyut artışı nedeniyle yük taşıma kapasitelerinde de bir azalma görülmektedir. Döşeme serbest açıklığına göre moment kapasitelerinin değişimi Şekil 141'de her bir deney serisi için verilmektedir.

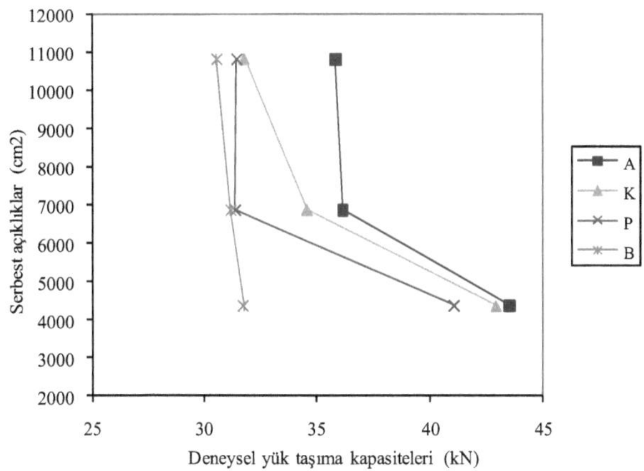

Şekil 141. A, K, P ve B serileri için boyut etkisi

Plastik mafsal çizgileri yöntemine göre döşeme taşıma kapasitesine ulaştığında donatı da akmaya başlamaktadır. Bu durum, kesitlerdeki bütün donatının akma sınırına ulaşması ya da çatlakların mesnetlere kadar ulaşmasına kadar devam etmektedir. Bu durumda döşeme mekanizma konumuna gelmiş olmaktadır. Önce yükün etkidiği bölgedeki donatı akmakta, daha sonra akma komşu kesitlere doğru ilerlemektedir. Yük-sehim grafiklerinde verilen eğrilerde yataylaşma bölgeleri (yükün sabit kaldığı ancak sehimlerin hızla arttığı bölgeler) döşemede plastik mafsalların oluşmaya başladığı aşama olarak deneylerde gözlenmiştir. Bu yük, basit mesnetli döşemeler için 30-32 kN arasında değerler almaktadır. Plastik mafsallar önce yükün hemen altında oluşmakta, yüklemeye devam edildikçe belli bir aşamadan sonra komşu kesitlerdeki akmamış donatılar yükü üstelenmekte ancak yük yine belirli bir aşama sonrasında sabit kalmaktadır. Döşeme deneyleri yapılırken döşemede yeterince çatlak oluştuktan ve yük almamaya başladıktan sonra deneyler sonlandırılmıştır.

40 mm kalınlığa sahip tüm yüksek dayanımlı döşemeler için yük-açıklık ortası sehim ilişkileri B serisi döşemeler için Şekil 142'de, A serisi döşemeler için Şekil 143'te, K serisi döşemeler için Şekil 144'te ve P serisi döşemeler için Şekil 145'te, basit mesnetli döşemelerin (B serisi) deneysel yaklaşık kırılma yüklerine karşılık gelen 30 kN'luk yük değeri ile karşılaştırmak amacıyla birlikte verilmektedir.

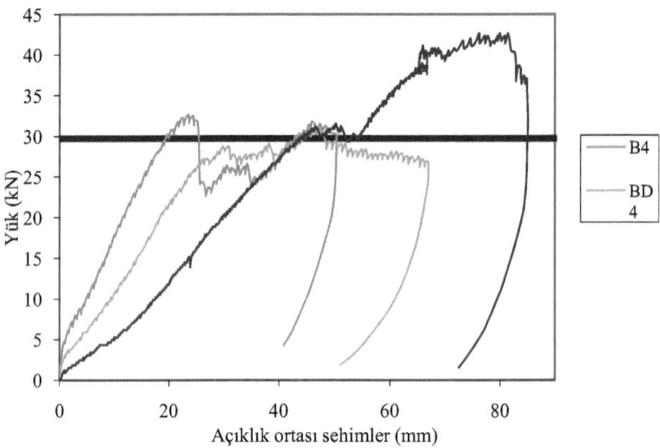

Şekil 142. B serisi döşemeler için yük-açıklık ortası sehim diyagramları

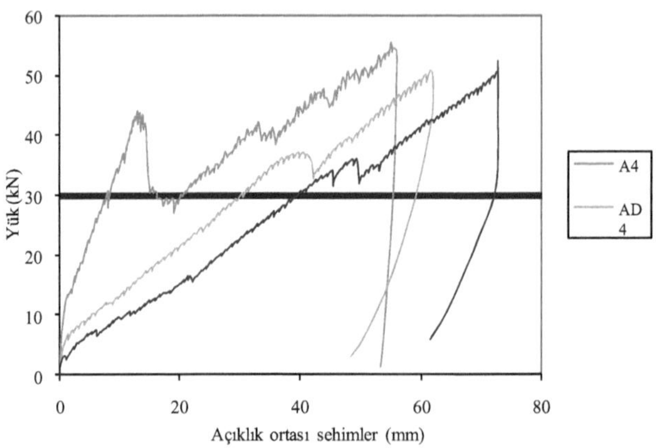

Şekil 143. A serisi döşemeler için yük-açıklık ortası sehim diyagramları

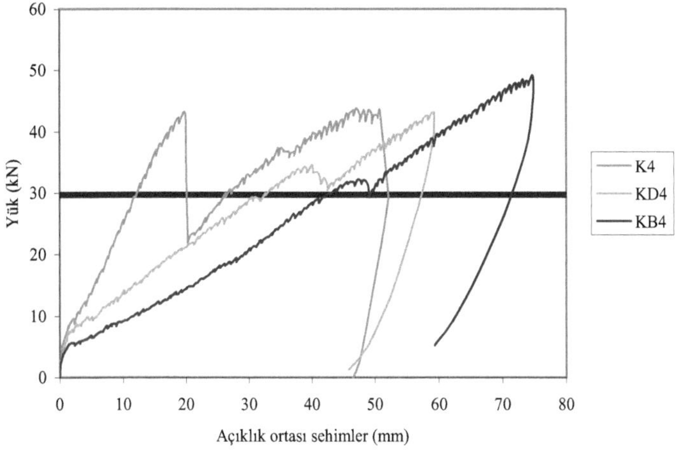

Şekil 144. K serisi döşemeler için yük-açıklık ortası sehim diyagramları

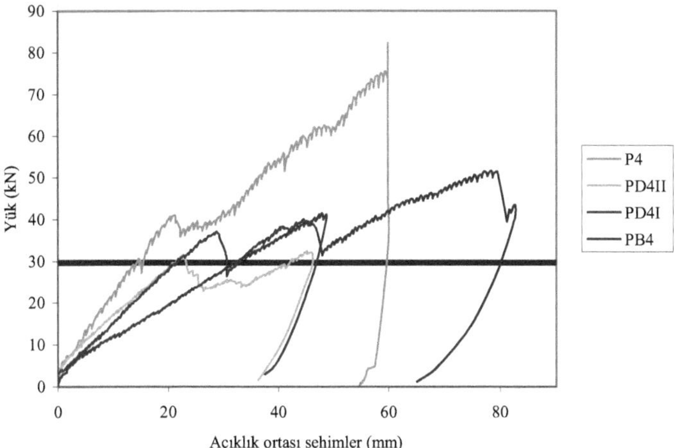

Şekil 145. P serisi döşemeler için yük-açıklık ortası sehim diyagramları

Bu şekillerden de görüldüğü gibi A,K ve P serisi döşemelerde kırılma yükü, basit mesnetli döşemelerin kırılma yüküne göre daha büyüktür. Bu da döşeme kenarlarının ankastre olmasının döşemelerin yük taşıma kapasitesinde etkili olduğunu göstermektedir.

Döşemelerin, tekil yük etkisinde, plastik mafsal çizgileri yöntemine göre hesabında virtüel iş prensibinin uygulanması sonucu elde edilecek yük değerinin,

$$P = 2\pi(m + m') \tag{50}$$

bağıntısına göre hesaplandığına daha önce değinilmişti. Bu bağıntıdaki "m"pozitif açıklık momentini ve "m'" de negatif moment değerini göstermektedir. Bu iki momentin birbirine oranı olan ve

$$\varphi = \frac{m'}{m} \tag{51}$$

bağıntısı ile verilen değer de "ankastrelik oranı" olarak anılmaktadır. Verilen bu bilgiler ışığında kenarların ankastre olmadığı, döşemenin kenar ve köşelerinin serbestçe oturduğu ve dönebildiği döşemeler için m' değerinin sıfıra eşit olmaktadır. Bu yolla, plastik mafsal çizgileri yöntemine göre, basit mesnetli döşemelerde yük taşıma kapasitesi ile kesitlerin taşıyabildiği birim moment arasındaki genel bağıntı, yükün etkidiği alan ihmal edildiğinde,

$$P = 2\pi m \tag{52}$$

olarak ifade edilebilmektedir. Tekil yükleme durumuna özel birkaç bağıntı literatürde mevcuttur. Bu bağıntılardan birisi Johnson [113] tarafından önerilen,

$$m + m' = P\left[\frac{1}{2\pi} - 0.305\left(\frac{c_e}{l_1}\right)^{2/3}\right] \tag{53}$$

bağıntısıdır. Denklemde kolon boyutları ihmal edildiğinde ($c_e = 0$), bağıntı (50) elde edilmektedir. l_1 döşeme serbest açıklığını ve c_e 'de eşdeğer dairesel kolon yarıçapını göstermekte ve bu değer $a.b$ boyutlarındaki bir dikdörtgen kolon için,

$$c = \sqrt{\frac{a.b}{\pi}} \tag{54}$$

şeklinde de ifade edilebilmektedir. Mesnet donatısı içermeyen bu döşeme için hesaplar söz konusu bağıntıya göre yürütüldüğünde aynı m değerine sahip iki döşeme olan B4 ve BB4 döşemeleri için moment/yük değeri neredeyse sabit kalmasına karşın sonuçlar arasında %16 fark olması gerektiği öngörülmektedir. Bununla birlikte, Kennedy ve Goodchild [50] tarafından önerilen,

$$m + m' = \frac{P}{2\pi}\left[1 - \sqrt[3]{\frac{A_c}{l_1^2}}\right] \tag{55}$$

bağıntısına göre iki farklı boyuttaki bu iki döşeme için %10,7 farklılaşma öngörülmektedir. Bir diğer bağıntı, Macgregor [111] tarafından Johnson'un sonuçlarının geliştirilmesi yoluyla önerilmektedir. Bu bağıntı,

$$m + m^{\prime} = P\left[\frac{1}{2\pi} - 0.192\left(\frac{c}{l_1}\right)^{2/3}\right] \tag{56}$$

şeklinde ifade edilmektedir. Bu bağıntıya göre hesap yapıldığında ise sonuçların %8,1 oranında değişmesi öngörülmüştür. Ancak deney sonuçları göz önüne alınarak döşemelerin deneysel yük taşıma kapasitelerindeki değişim kıyaslandığında iki farklı boyutta ancak aynı donatı oranındaki iki döşemenin (B4-BB4) yük taşıma kapasiteleri arasında % 3,9 farklılaşma olduğu görülmektedir. Buradan, deney sonuçlarına göre, yüksek dayanımlı betonarme döşemeler göz önüne alındığında Johnson, Macgregor ve Kennedy tarafından önerilen bağıntıların güvenli tarafta kalan çözümler verdikleri görülmüştür.

Döşemenin mevcut moment taşıma kapasitesinin hesabı için betonarme tek donatılı dikdörtgen kesitlerde basınç ve çekme kuvveti hesabından faydalanılarak [113] ve yüksek dayanımlı beton için ilgili eşdeğer gerilme bloğu parametresi kullanılarak [103]

$$F_c = 0{,}83 f_{ck} b a \tag{57}$$

$$F_s = A_s f_y \tag{58}$$

şeklindedir. Bu bağıntılar denge gereği birbirine eşitlenirse, dikdörtgen gerilme bloğu derinliği,

$$a = \frac{A_s f_y}{0{,}83 f_c b} \tag{59}$$

bağıntısı ile belirlenmektedir. Buradan moment kolu ise (z),

$$z = d - a/2 \tag{60}$$

bağıntısı ile verilmektedir. Buna göre döşemedeki moment taşıma kapasitesi,

$$m_r = m = A_s f_y z \tag{61}$$

olmaktadır. Yüksek dayanımlı döşemeler için direnme momenti (birim moment), donatısı $\phi 8/100$ olan döşemede $A_s = 5{,}02$ cm^2/m ve 8 mm çapındaki nervürlü inşaat çeliği üzerinde yapılan çekme deneyi sonucu elde edilen akma gerilmesi olan $f_y = 430$ MPa'dan da faydalanılarak ortalama $m = 3{,}90$ kNm/m olarak belirlenmektedir. Hesapların (52) bağıntısı kullanılarak plastik mafsal çizgileri teorisine göre yapılması durumunda basit mesnetli döşemeler için m = 4,97 kNm/m elde edilmektedir. Söz konusu bağıntının, tasarım amacıyla kullanıldığında, daha büyük moment değerleri verdiği, dolayısıyla da güvenli tarafta kalan sonuçlar elde edildiği, bu yüzden kontrol amacıyla kullanılabileceği birçok kaynakta belirtilmektedir [50-60,111,112].

3.7. Kenarların Basit Mesnetli Olması Durumunda Yüksek Dayanımlı Betonarme Döşemelere Plastik Mafsal Çizgileri Yönteminin Uygulanması

Döşemelerde dört kenarın da basit mesnetli olduğu durumdaki deneysel ve teorik göçme mekanizmaları Şekil 146'da verilmektedir.

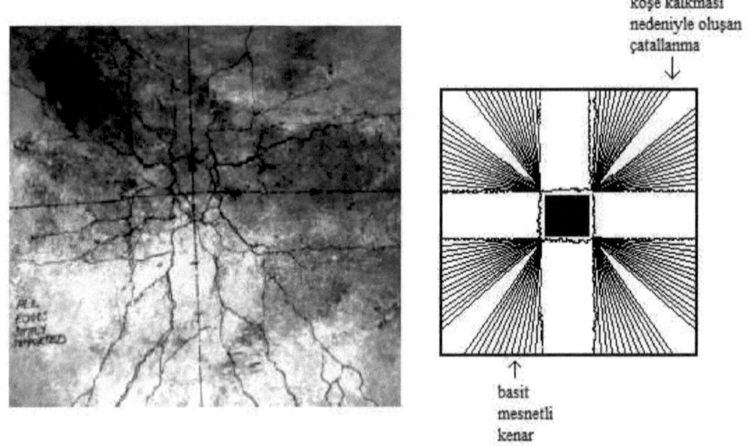

Şekil 146. Basit mesnetli döşemenin deneysel ve teorik göçme mekanizması

Basit mesnetli döşemelerde oluşan plastik mafsal çizgileri, aynı zamanda dönme eksenleri olan döşeme kenarlarına kadar ulaşmaktadır. Köşe noktalar ankastre olmayıp artan yüke bağlı olarak oturduğu mesnet yüzeyinden ayrılmaktadır. Köşe kalkması nedeniyle köşelerde plastik mafsal çizgileri oluşmamaktadır. Bu şekilde denenen bir döşemede gözlenen köşe kalkması etkisi Şekil 147'de verilmektedir.

Şekil 147. Serbest köşelerde oluşan köşe kalkması

660x660 mm serbest açıklıklı basit mesnetli kare döşemeler için, Şekil 146'da verilen göçme mekanizması kullanılarak, virtüel iş prensibine göre, birçok çözüm gerçekleştirilmiş ve en uygun göçme mekanizmasının parametreleri belirlenmeye çalışılmıştır. Yapılan ardışık çözümler, köşe kalkmasının oluştuğu bölgenin bu döşemenin en uygun göçme mekanizmasının bulunabilmesi için belirleyici unsur olduğunu göstermektedir. Basit mesnetli döşemeler için oluşan kırılma mekanizması kullanılarak mekanizmanın her bir parçası için yazılan virtüel iş bağıntıları yardımıyla göçme yükü, θ her bir parçanın dönme açısını, L plastik mafsal çizgisinin dönme eksenleri üzerindeki uzunluğunu, δ yükün uygulandığı yerdeki düşey yerdeğiştirmeyi göstermek üzere,

$$P_B\delta = [8mL\theta]_{üçgenler} + [4mL\theta]_{dikdortgenler} + [4mL\theta]_{köseler} \tag{62}$$

bağıntısıyla belirlenmiştir. Virtüel iş yöntemi bir üst sınır çözümü olduğu için bu şekilde bulunan çözüm, göçme yüklerinin alt sınırı olmaktadır. Bu bağıntı yardımıyla belirlenen göçme yükü değerleri Şekil 148'de verilmektedir.

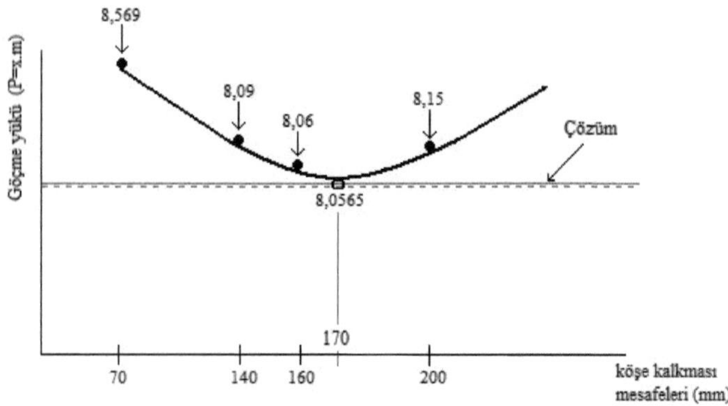

Şekil 148. Virtüel iş yöntemiyle en uygun göçme yükünün belirlenmesi

En uygun göçme mekanizması için elde edilen $P = 8{,}0565m$ çözümü, basit mesnetli ve ortasından kare plaka ile yüklü, izotrop donatılı, 660x660 mm boyutlarındaki döşemenin yük taşıma kapasitesi olmaktadır. Aynı şekilde basit mesnetli (B) döşemeler için göçme mekanizmaları belirlenmiş ve bu mekanizmalara göre göçme yükü hesaplanmıştır. Basit mesnetli döşemeler için belirlenen göçme mekanizmaları B4 döşemesi için Şekil 149'da, BD4 döşemesi için Şekil 150'de ve BB4 döşemesi içinse Şekil 151'de verilmektedir.

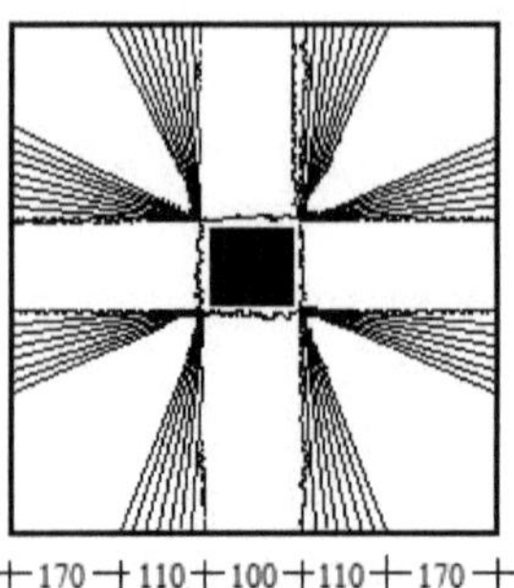

Şekil 149. B4 döşemesi için plastik mafsal çizgilerinin kesin yerleri

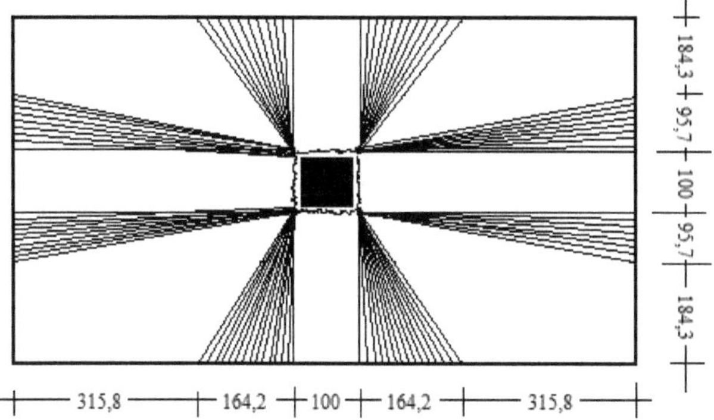

Şekil 150. BD4 döşemesi için plastik mafsal çizgilerinin kesin yerleri

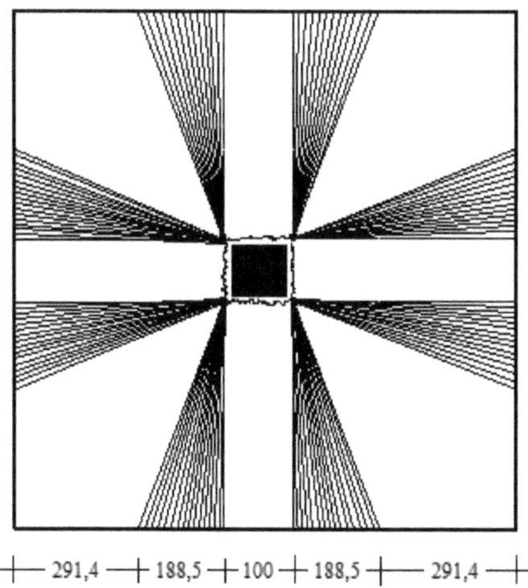

Şekil 151. BB4 döşemesi için plastik mafsal çizgilerinin kesin yerleri

Basit mesnetli döşemeler için bu mekanizmalar kullanılarak (62) bağıntısı yardımıyla yapılan çözümlemeler sonucu elde edilen değerler Tablo 53'te verilmektedir.

Tablo 53. Basit mesnetli döşemeler için karşılaştırmalar

Ad	P.m.ç. çözümlemesi	Deneysel yük (kN)	P.m.ç. çözümüne göre moment , m (kNm/m)	Deneysel direnme momenti m_r (kNm/m)	m/m_r
B4	$P = 8{,}0565m$	31,79	3,94	3,90	1,01
B4-V	$P = 8{,}0565m$	65,49	8,13	8,02	1,01
B4-XV	$P = 8{,}0565m$	22,96	2,84	2,81	1,01
BD4	$P=7{,}86m$	31,22	3,97	3,91	1,02
BB4	$P = 7{,}54m$	30,59	4,05	3,92	1,03

Tablo'da verilmiş olan m_r momentleri, bu döşemeler için şahit numunelerle belirlenmiş olan f_{ck} değerleri kullanılarak hesaplanmıştır. Plastik mafsal çizgileri çözümüne göre olması gereken moment değerleri ile deney sonucu belirlenen moment değerleri arasındaki fark en fazla %3 mertebesindedir. Bu durumda, bu çalışma kapsamında denenen yüksek dayanımlı betonarme döşemeler için plastik mafsal çizgileri yönteminin kullanılabilir olduğunu söylemek uygun olmaktadır.

3.8. Kenarların Ankastre Olması Durumunda Yüksek Dayanımlı Betonarme Döşemelere Plastik Mafsal Çizgileri Yönteminin Uygulanması

Kenarların ankastre olduğu durumda oluşan, deneysel ve teorik göçme mekanizması Şekil 152'de verilmektedir. İzotrop donatılı bu döşemeler için ilk plastik mafsal çizgileri yükleme plakası kenarlarında oluşmakta ve donatıların doğrultusuna bağlı olarak yayılma göstermektedir. Diğer bölgelerde ise çok sayıda üçgenden oluşan dairesel kırıklar gözlenmektedir.

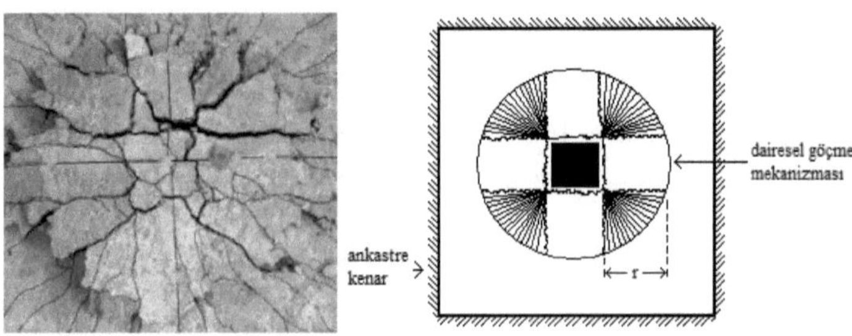

Şekil 152. Kenarları ankastre döşemelerin deneysel ve teorik göçme mekanizması

Yukarıdaki şekilde verilen göçme mekanizmasının hesabı için, virtüel iş prensibine göre iç kuvvetlerin yaptığı iş dış kuvvetlerin yaptığı işe eşitlenerek yapılırsa [114],

$$P_A\delta = (m+m^{\prime})2\pi\delta + 2(m+m^{\prime})(2c)\frac{\delta}{r} \quad (63)$$

bağıntısı elde edilmektedir. Deneyi yapılan döşemeler için geçerli olan ve yükleme yapılan alanın bir kenarının uzunluğunu gösteren c=100 mm değeri (63) bağıntısında yerine yazıldığında,

$$\frac{P_A}{(m+m^{\prime})} = 2\pi + \frac{400}{r} \quad (64)$$

bağıntısı elde edilmektedir.

Geleneksel betondan yapılan döşemelerin yüksek dayanımlı olanlarla aynı mesnetlenme özelliğine sahip olduğu daha önce belirtilmişti. Ancak döşemelerin yük taşıma kapasiteleri arasında sırasıyla A4 döşemesi ile AG4 arasında %10,2 ve AB4 döşemesi ile AGB4 arasında ise %9,5 fark bulunmaktadır. Geleneksel döşemeler için m birim moment hesabı, bu döşemeler için basınç bloğu derinliği olan a = 7,52 mm değeri kullanılarak yapılırsa,

$$m = A_s f_y z \cong 3{,}50 \text{ kNm/m} \quad (65)$$

olarak elde edilmektedir. Yüksek dayanımlı beton için elde edilen ortalama direnme momenti (3,90 kNm/m) ile geleneksel betonun ortalama direnme momenti (3,50 kNm/m) arasında %11,1 fark bulunmaktadır. Bu durumda döşemelerin yük taşıma kapasiteleri arasındaki farkın beton kalitesinden kaynaklandığı sonucuna varılabilmektedir. Çünkü bu iki hesap arasında farklı olan parametre, hesaplarda kullanılan betonun karakteristik basınç dayanımı olan f_{ck}'dır.

Kenarların ankastre olması durumunda döşemelerin yük taşıma kapasiteleri, göçme mekanizmasının şekline bağlı olarak artmaktadır. (64) bağıntısının hem yüksek dayanımlı ve hem de geleneksel betonarme döşemeler için geçerli olduğu varsayıldığında, bu döşemeler için yükün toplam moment kapasitesine oranının bu döşemelerden her biri için belirlenen $2\pi + 40/r$ değerine eşit olması gerekmektedir. Basit mesnetli döşemelerin plastik mafsal çizgilerinin kesin yerleri daha önce hesaplanmıştı. Kenarları ankastre olan döşemelerde de plastik mafsal çözümü, deneysel göçme yükü ve deneysel moment taşıma kapasitesi değerlerinden faydalanarak bu döşemeler için göçme mekanizmasındaki tek parametre olan r değerleri hesaplanmış olup Tablo 54'te verilmektedir.

Tablo 54. Tüm kenarları ankastre döşemeler için göçme mekanizmasının belirlenmesi

Ad	Deneysel yük (kN)	m_r (kNm/m)	r (mm)
A4-V	83,13	8,13	101,5
A4	43,57	3,89	82
A4-XV	25,75	2,84	143
AD4	36,16	3,90	134
AB4	35,85	3,91	138
AG4	39,56	3,48	78,7
AGD4	34,62	3,54	114,6
AGB4	32,76	3,48	127

Aynı boyut ve donatıya sahip ancak farklı beton kalitesindeki döşemelere ait değerlerin birbirlerine yakın oldukları tabloda görülmektedir. r değerleri, plastik mafsal çizgilerinin konumuna, döşemelerin taşıma kapasitelerine ve deneysel moment kapasitelerine bağlıdır.

3.9. Paralel kenarların türdeş olması durumunda yüksek dayanımlı betonarme döşemelere plastik mafsal çizgileri yönteminin uygulanması

Paralel kenarı türdeş olan 660x660 mm, 660x1060 mm ve 1060x1060 mm serbest açıklıklı döşemeler için (P4, PD4I, PD4II ve PB4) mümkün olan plastik mafsal çizgilerinin genel konumu deneylerde bu şekilde mesnetlenen bir döşemeye ait kırılma mekanizması ile birlikte Şekil 153'te verilmektedir. Serbest açıklığı 660x660 mm olan döşemeler için göçme mekanizması Şekil 154'te, 660x1060 olan döşemeler için ise Şekil 155 ile Şekil 156'da, serbest açıklığı 1060x1060 mm olan döşemeler için plastik mafsal çizgilerinin konumları Şekil 17'de verilmektedir.

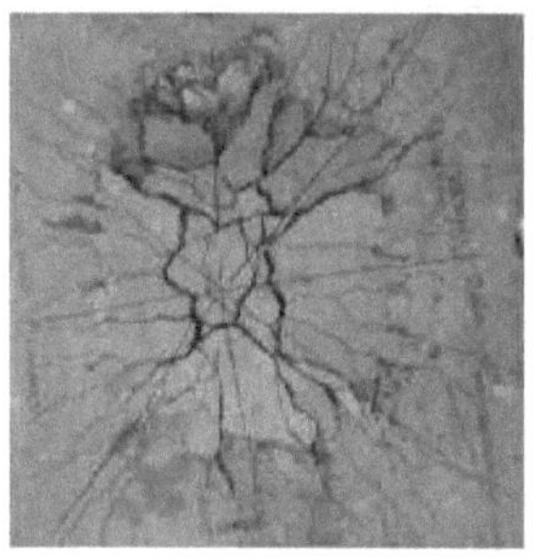

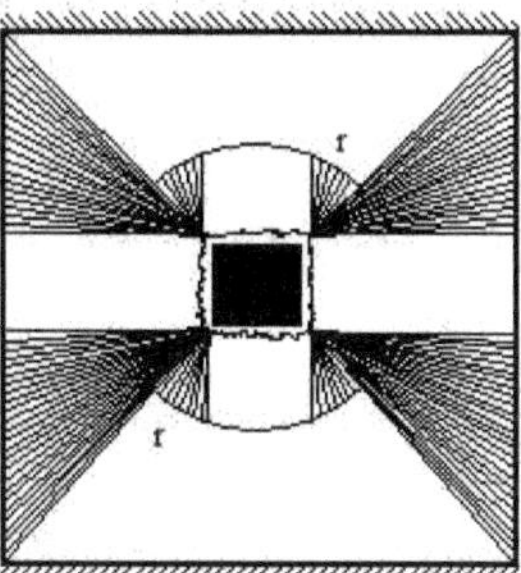

Şekil 153. Paralel kenarların türdeş olması (P) durumunda oluşan göçme mekanizması

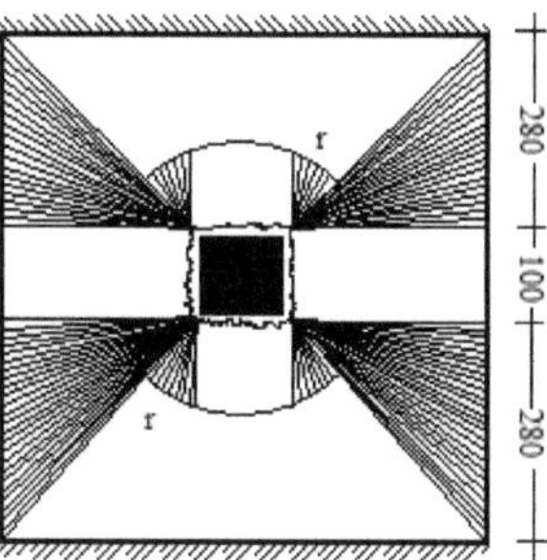

Şekil 154. Serbest açıklığı 660x660 mm olan döşemelerde plastik mafsal çizgilerinin konumları (P serisi)

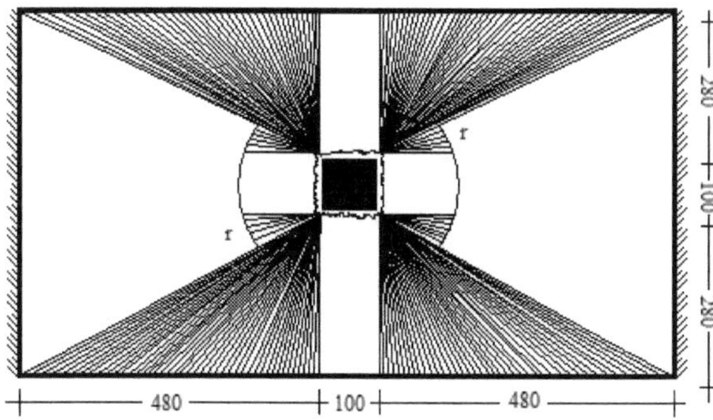

Şekil 155. Serbest açıklığı 660x1060 mm olan döşemelerde kısa kenarların ankastre iken plastik mafsal çizgilerinin konumları (P serisi, PD4I)

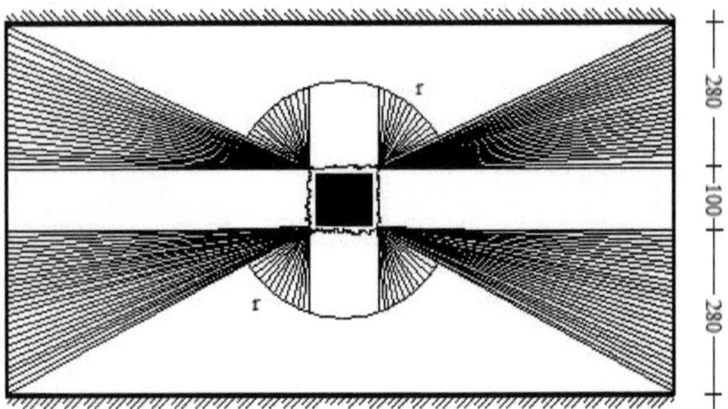

Şekil 156. Serbest açıklığı 660x1060 mm olan döşemelerde uzun kenarlar ankastre iken plastik mafsal çizgileri konumları (P serisi, PD4II)

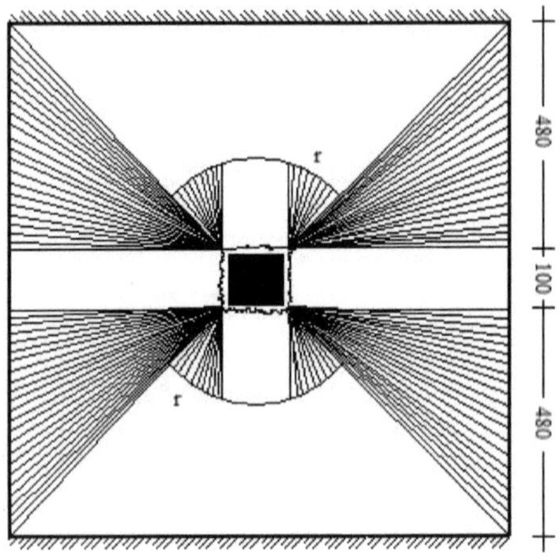

Şekil 157. Serbest açıklığı 1060x1060 mm olan döşemelerde plastik mafsal çizgilerinin konumları (P serisi)

Bu şekillerden de görüldüğü gibi plastik mafsal çizgisi (göçme mekanizması)'na göre sistemdeki tek değişken radyal kırıkların oluştuğu bölgedeki *r* yarıçapıdır. Bu döşemelerde basit mesnetli kenarlarla ve ankastre kenarların kesişim noktalarında köşeler ankastre olarak oluşturulduğundan köşe kalkması görülmemiş, kırıklar köşelere kadar uzanmıştır (bkz Şekil 158).

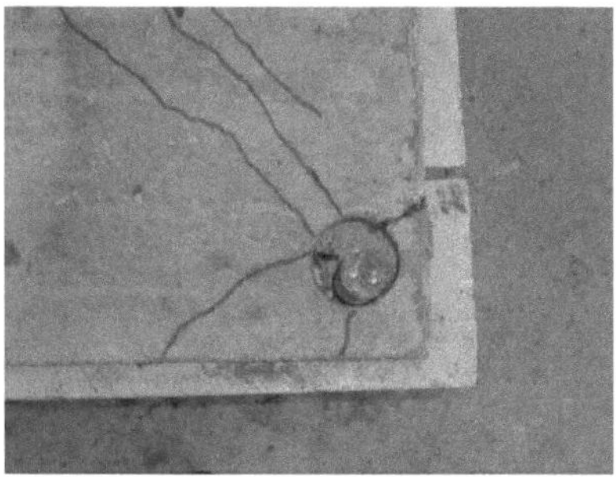

Şekil 158. Köşe kırıkları

Virtüel iş prensibine döşeme parçalarının yaptığı iş,

$$P_P\delta = \pi(m + m_P{}') + [4mL\theta]_{kösegen} + [2mL\theta]_{uzundikd.} + [2(m + m'_P)L\theta]_{kücükdikd.} \qquad (66)$$

şeklinde elde edilmektedir. Bu bağıntı yardımıyla, deneylerden elde edilen göçme yükleri ve deneysel momentler kullanılarak *r* yarıçapları belirlenmiş ve Tablo 55'te verilmiştir.

Tablo 55. P serisi döşemelere ait değerler

Ad	Deneysel yük (kN)	m_r (kNm/m)	r (mm)
P4-V	80,71	8,13	96,5
P4	41,11	3,90	74,5
P4-XV	24,09	2,84	315
PD4I	37,33	3,91	152,6
PD4II	31,52	3,91	170
PB4	31,50	3,90	385

Tabloda verilen *r* değerleri, deneysel yük kapasitelerine karşılık gelen değerlerdir. Bu değerlerle sistem dengede olmaktadır. *r* değeri ne kadar büyükse, toplam momente dairesel göçme mekanizmasının katkısı o kadar az olmaktadır. Döşemelerin boyutları büyüdükçe göçme mekanizmalarındaki üçgen ve dikdörtgen döşeme parçalarının toplam momente katkısı azalmakta, aynı zamanda boyutlar arttığı için döşemelerin deneysel taşıma güçleri de azalmaktadır. Göçme mekanizmasına ve döşemelerin yük/moment oranlarına bağlı olarak *r* değerleri de değişmektedir.

3.10. Komşu Kenarları Türdeş Olması Durumunda Yüksek Dayanımlı Betonarme Döşemelere Plastik Mafsal Çizgileri Yönteminin Uygulanması

Komşu kenarı türdeş olan 660x660 mm, 660x1060 mm ve 1060x1060 mm serbest açıklıklı döşemeler için (K4, KD4 ve KB4) plastik mafsal çizgilerinin seçilen göçme mekanizması ve bu şekilde mesnetlenmiş döşemelerden birisine ait deneysel göçme mekanizması Şekil 159'da verilmektedir.

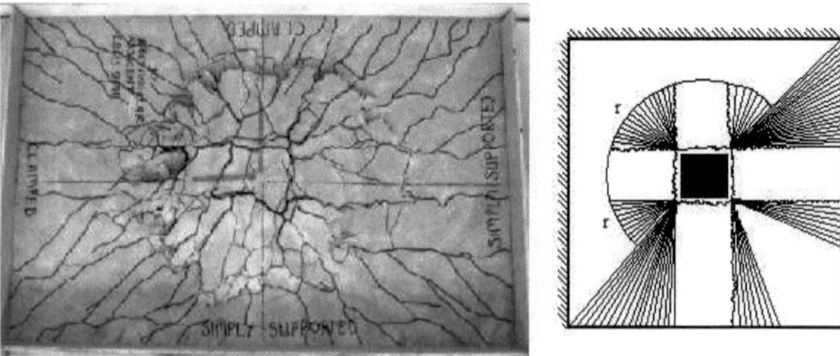

Şekil 159. Komşu kenarların türdeş olması (K) durumunda oluşan göçme mekanizması

K serisi döşemeler için şekillerde plastik mafsal çizgilerinin konumları verilirken köşe kalkması etkisi de dikkate alınmıştır. Deneylerde mesnetleme amacıyla kullanılan çelik profiller hazırlanırken (bkz. Şekil 160) K serisi döşemelerde P serisi döşemelerden farklı olarak göçme mekanizmalarının sağ alt köşesinde köşe kalkması nedeniyle plastik mafsal çizgileri çatallanmakta, köşelere kadar ulaşamamaktadır.

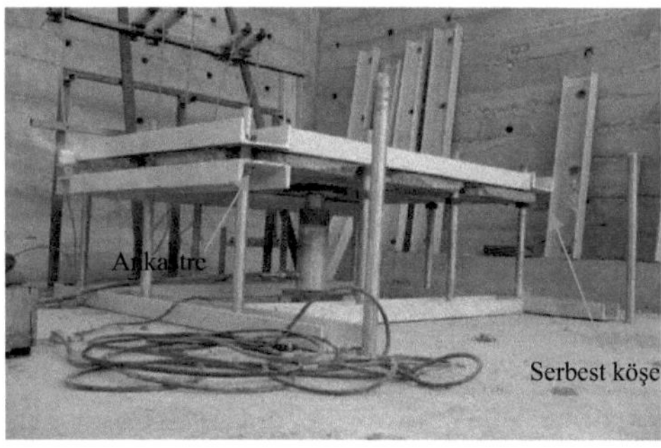

Şekil 160. K serisi döşemelerde basit mesnetli kenarlarda yer alan ankastre ve serbest köşeler

K serisi döşemelerde bu nedenle, göçme mekanizmasında tek değişken parametre r olmamakta, köşelerdeki plastik mafsal çizgilerine ait çatallanmaların da etkili olduğu düşünülmektedir. Bu amaçla en ideal göçme mekanizmasını belirlemek için iki uç durum göz önüne alınmıştır. Bunlardan birisi, köşe kalkmasının hiç var olmaması diğeri ise söz konusu bölgede yalnızca köşe kalkmasının mevcut olmasıdır. Her iki durumda da paralel kenarlarından mesnetli döşemeler için verilen,

$$P_K = \pi(m + m_K{}') + \left[\frac{2mL}{\theta}\right]_{k\ddot{o}segen} + \left[\frac{2mL}{\theta}\right]_{\ddot{u}\c{c}genler} + \left[\frac{2mL}{\theta}\right]_{uzundikd.} + \left[\frac{2(m+m')L}{\theta}\right]_{k\ddot{u}\c{c}\ddot{u}kdikd.} + \left[\frac{mL}{\theta}\right]_{k\ddot{o}se} \tag{67}$$

bağıntısıyla hesap yapıldığında aynı döşeme için eşit r değerleri elde edilmektedir. Tablo 56'da, K serisi döşemeler için değerler verilmektedir.

Tablo 56. K serisi döşemelere ait değerler

Ad	Deneysel yük (kN)	m_r (kNm/m)	r (mm)
K4-V	78,27	8,13	112,8
K4	42,96	3,88	62,2
K4-XV	24,43	2,85	280
KD4	34,62	3,88	97,4-216
KB4	31,84	3,87	300

K ve P döşemelerinin deneysel göçme yükleri birbirine yakın olduğundan bu iki mesnetlenme hali (K ve P) için aynı r değerini kullanmak hesaplarda sakınca doğurmayacaktır. Zira bu iki mesnetlenme haline ait plastik mafsal çizgilerinin çözümleri, bu çalışma için seçilen göçme mekanizmaları ile hesap yapıldığında, kare döşemeler için aynı moment değerini vermektedir. Mesnet amacıyla kullanılan profillerin boylarının farklı oluşu nedeniyle P serisi döşemelerdeki deneysel göçme yükleri K serisi döşemelerdeki yüklere nazaran biraz daha az olarak elde edilmiştir. Bu sonuca paralel olarak P serisi döşemeler için elde edilen dairesel göçme mekanizmasına ait r parametreleri K serisine ait olanlardan, deneysel göçme yükü ve deneysel moment kapasitesiyle ile orantılı olarak daha büyük elde edilmektedir. Özel bir durum olarak, KD4 döşemesinde basit mesnetli kenarlarının kesişim noktasında, oluşması muhtemel köşe kalkmasının etkisi görülmektedir. Benzer şekilde yine iki uç durum olan köşe kalkmasının hiç olmaması ile o bölgede en büyük değerini alması (üçgensel kırık oluşmaması) göz önüne alınarak hesap yapıldığında sırasıyla,

$$P = 6{,}87m + \frac{20m}{r} \tag{68}$$

$$P = 8m + \frac{20m}{r} \tag{69}$$

değerleri elde edilmektedir. KD4 döşemesi için belirlenen deneysel göçme yükü kullanılarak (68) bağıntısına göre r değeri 97,4 mm olarak elde edilmektedir. Aynı değer (69) bağıntısına göre 216 mm olarak elde edilmektedir. Serbest açıklığı 660x660 mm olan döşemeler için göçme mekanizmaları Şekil 161'de, 660x1060 olan döşemeler için Şekil 162 ve 163'te ve 1060x1060 mm olan döşemeler için de Şekil 164'te verilmektedir.

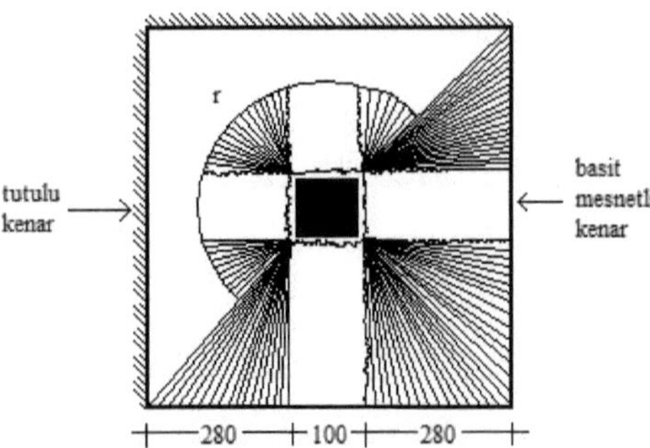

Şekil 161. Serbest açıklığı 660x660 mm olan döşemelerde plastik mafsal çizgilerinin konumları (K serisi)

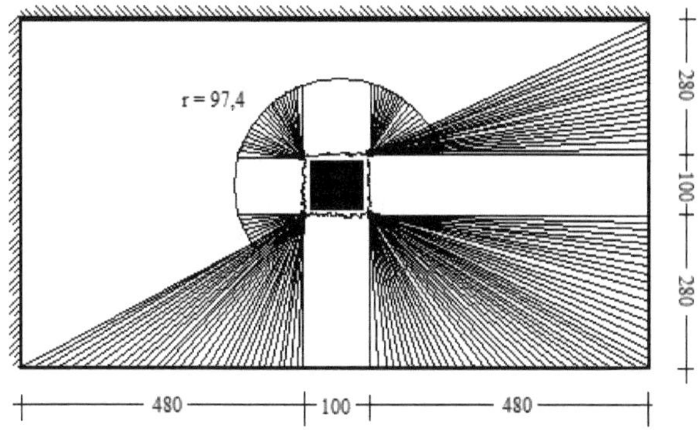

Şekil 162. Serbest açıklığı 660x1060 mm olan döşemelerde köşe kalkması ihmal edildiğinde plastik mafsal çizgilerinin konumları (K serisi)

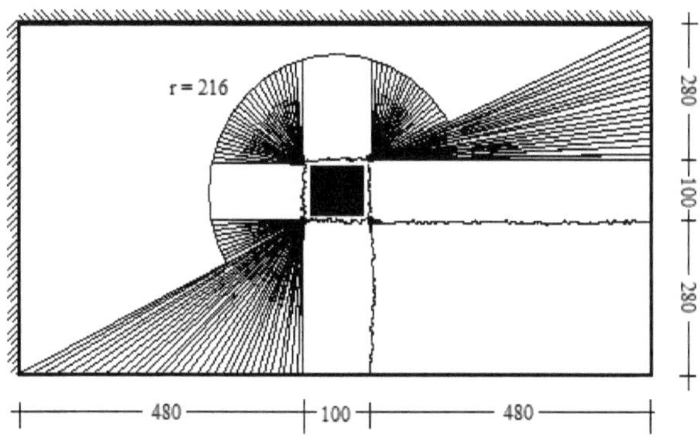

Şekil 163. Serbest açıklığı 660x1060 mm olan döşemelerde köşe kalkması en büyük değerini aldığında plastik mafsal çizgilerinin konumları (K serisi)

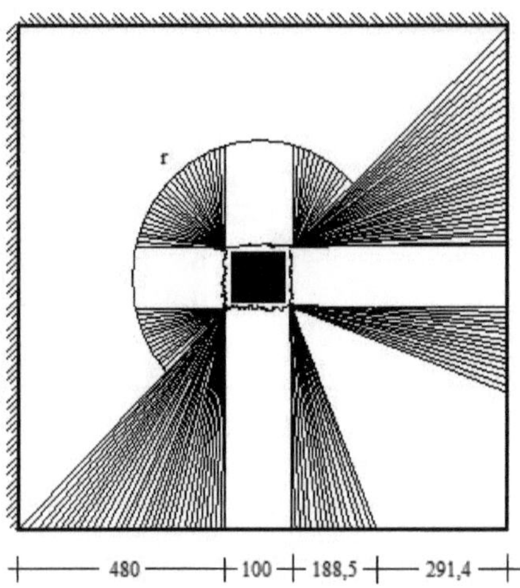

Şekil 164. Serbest açıklığı 1060x1060 mm olan döşemelerde plastik mafsal çizgilerinin konumları (K serisi)

3.11. Kalınlığı 80 mm Olan Yüksek Dayanımlı Betonarme Döşemelere Plastik Mafsal Çizgileri Yönteminin Uygulanması

Bu çalışma kapsamında, eğilme altındaki davranışlarının diğerlerine göre farklı olması nedeniyle plastik mafsal çizgileri yönteminin bu döşemelerde de geçerli olup olmayacağının araştırılması amacıyla üretilen ve denenen 80 mm kalınlığındaki bu dört adet döşemede, donatı olarak $\phi 8/200$ düz ve $\phi 8/200$ pilye kullanıldığı daha önce de belirtilmişti. Dolayısıyla bu döşemelerde, mesnet donatısı nedeniyle oluşan moment (m') sıfır olmayıp açıklıktaki moment değerinin (m) yarısı kadar olmaktadır. Ancak basit mesnetli döşemede (B8) göçme mekanizması oluşturulurken, kenarlar ankastre olmadığından, mesnetler boyunca negatif plastik mafsal çizgileri oluşmamakta, bu döşemenin ideal göçme mekanizması Şekil 149'da verilen 660x660 mm serbest açıklıklı döşemenin göçme mekanizması ile aynı olmaktadır. Döşemenin açıklıktaki moment taşıma kapasitesi, m_r, bu döşeme için hesaplanan a = 3,88 mm ve oluşturulan faydalı yükseklik d= 62 mm'den faydalanılarak m = 13,94 kNm/m olarak belirlenmiştir. Böylece, verilen göçme mekanizmasının çözümü olan P = 8,0565m bağıntısı kullanılarak hesaplandığında plastik mafsal çizgileri yöntemine göre P = 112 kN olarak elde edilmektedir. Söz konusu

80 mm kalınlıklı döşemelere ait yük-açıklık ortası sehim ilişkileri, B8 için plastik mafsal çizgileri yönteminden hesaplanan yük ile birlikte Şekil 165'te verilmektedir.

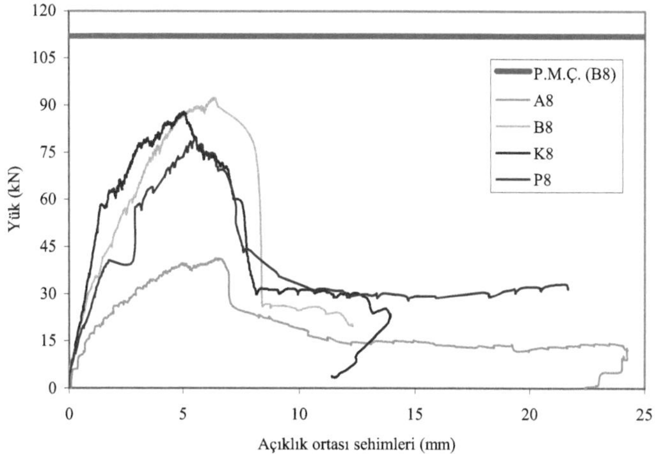

Şekil 165. Kalınlığı 80 mm olan döşemeler için yük-açıklık ortası sehim ilişkileri

Öte yandan, bu döşemelerde 40 mm kalınlığındaki döşemelerden farklı olarak en büyük taşıma gücüne bütün kenarları basit mesnetli olan döşemede (B8) rastlanmaktadır. Döşemelerin yük taşıma kapasitelerinin kenarların ankastre olması durumuna bağlı olarak azaldığı görülmektedir. Bu döşemelerde serbest açıklık/kalınlık oranı, 40 mm kalınlığında aynı özelliklerdeki döşemelerin 2 katı olduğundan ve bu döşemeler çok daha rijit olmakta dolayısıyla da serbestçe dönememekte, yükleme nedeniyle oluşan gerilmeler lokal kalmakta ve kırılmalar düzensiz olmaktadır. Deney sonuçlarına göre kenarlardaki ankastreliğin artışıyla dayanım kayıpları oluşmaktadır. 40 mm kalınlığındaki döşemelerin tersine en büyük yük değerine basit mesnetli (B) döşemelerde ulaşılmış olup bunu mesnetlenme türüne bağlı diğer iki hal olan komşu (K) ve paralel (P) kenarlarından mesnetli haller takip etmektedir. En düşük göçme yükü ise 40,39 kN olarak bütün kenarların ankastre olduğu A8 döşemesinde elde edilmiştir. Kalınlık/serbest açıklık oranı fazla olan, yüksek dayanımlı betondan yapılmış bu döşemelere plastik mafsal çizgileri yöntemi uygulanamamaktadır.

3.12. Lifli Beton Döşemelere Plastik Mafsal Çizgileri Yönteminin Uygulanması

Lifli donatısız beton döşemeler günümüzde tünel kaplamaları gibi hasır donatı kullanmanın bazen olumsuz sonuçlara neden olduğu durumlarda, beton yollarda sıklıkla kullanılan bir döşeme türüdür. Tünel kaplamalarında özellikle tercih edilmektedir. Zira düzlemsel olan hasır donatının düzgün olmayan dönel bir yüzeye her noktasında paralel olarak yerleştirilmesinin zorlukları bilinmektedir [115]. Çalışmanın bu bölümünde, bu şekilde oluşturulan yüksek dayanımlı ve geleneksel çelik lifli beton döşemelere plastik mafsal çizgileri yönteminin uygulanıp uygulanamayacağı belirlenmeye çalışılmıştır. Bu amaçla, toplam sekiz adet çelik lifli beton döşeme üretilmiştir. Bunların dördü yüksek dayanımlı betondan, geri kalanlar ise geleneksel betondandır. Çalışmada döşemeler iki farklı lif içeriğinde üretilmiş ve bütün kenarları ankastre olacak şekilde deneye tabi tutulmuştur. Deneylerdeki kırılma mekanizmalarında kırıkların mesnetlere, oradan da mesnetlerin oturduğu ankraj çubuklarına ulaştıkları gözlenmiştir. Hacimce lif içeriği yüksek olan bazı deney numunelerinde söz konusu kırıklar yüzeylerde yayılma göstermelerine karşın, çatlak genişlikleri büyük olan ana kırıklar göz önüne alındığında döşemelerin göçme mekanizmasının genel olarak bu şekilde olacağı söylenebilmektedir. Bu gözlemler ışığında lifli betonlar için genel bir göçme mekanizması tipi belirlenmiş ve 660x660 mm serbest açıklığa sahip döşemeler için Şekil 166'da, 1060x1060 mm serbest açıklığa sahip döşemeler için de Şekil 167'de verilmiştir. Karşılaştırma yapılması amacıyla deneylerde gözlenen kırılma şekillerinden bazıları da Şekil 168'de toplu olarak verilmektedir.

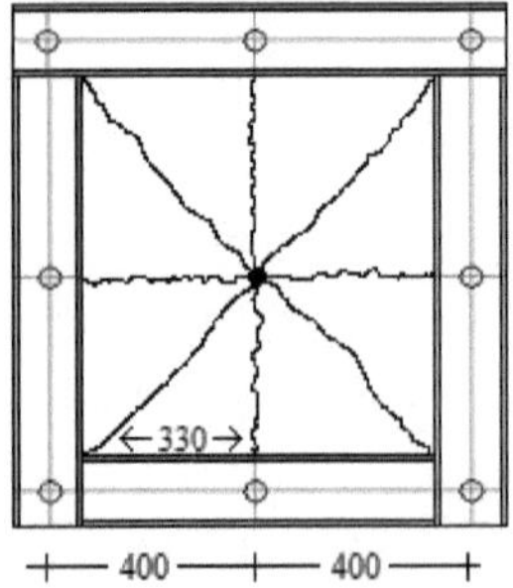

Şekil 166. Serbest açıklığı 660x660 mm olan lifli döşemeler için seçilen göçme mekanizması

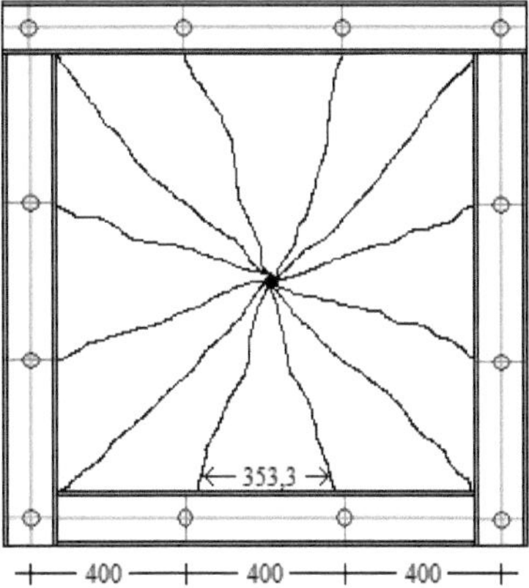

Şekil 167. 1060x1060 mm serbest açıklıklı lifli döşemeler için seçilen göçme mekanizması

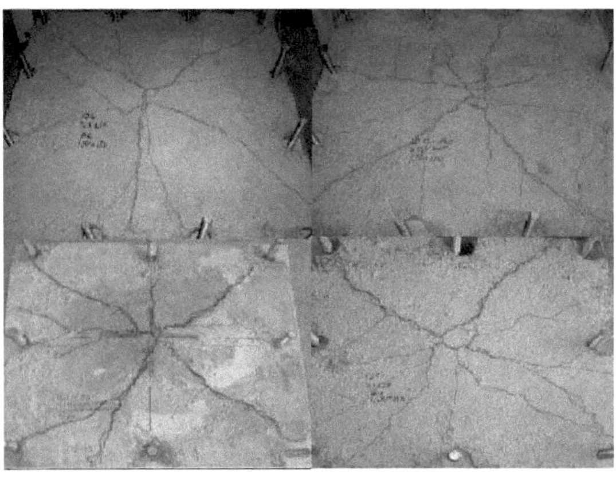

Şekil 168. Bazı lifli döşemelerin deneysel göçme mekanizmaları

Lifli döşemelerde göçme mekanizması belirlenirken, ankastre kenarlar boyunca negatif plastik mafsal çizgilerinin oluşmadığı deneylerde gözlenmiştir. Bu gözlemler ışığında seçilen her iki göçme mekanizmasının da plastik mafsal çizgileri yöntemine göre çözümlemesi simetri nedeniyle aynı sonucu vermekte, bu da

$$P = 8m \qquad (70)$$

olarak ifade edilebilmektedir. Bu döşemelere plastik mafsal çizgileri yönteminin uygulanabilmesi için donatısız lifli beton döşemenin moment kapasitesi bu bağıntıda yerine yazıldığında deneysel yük değerini sağlamalıdır. Döşeme moment kapasitesinin (m_r) , hesabı için birkaç yöntem mevcuttur. Bunlardan biri, ACI 544.4R [116] tarafından tavsiye edilen yöntemdir. Bu yöntemde, lifli betona ait çekme dayanımı belirlenmekte ve donatının çekme dayanımına eklenmektedir. Söz konusu yöntemde betonarme tek donatılı kesitlerin hesabında olduğu gibi dikdörtgen basınç bloğu kabulüyle hareket edilmektedir. Basınç bloğunun derinliğini ifade eden a parametresi de kullanılan çelik donatının enkesit alanı ve akma dayanımına bağlı olduğundan donatısız ancak lifli beton döşemelerde a değeri bu yolla hesaplanamamakta, yöntem bu çalışmadaki durum için kullanılabilir olmamaktadır.

h döşeme kalınlığını, l döşemenin bir doğrultudaki serbest açıklığını ve f_{ct} de donatısız ve lifsiz beton numunenin 3 noktadan yapılan yükleme ile deneyden elde edilen eğilmede çekme dayanımını göstermek üzere direnme momentinin,

$$m_r = 1{,}68 f_{ct} \frac{lh^2}{6} \tag{71}$$

bağıntısıyla hesaplanması tavsiye edilmektedir [117]. Bağıntıda, 1,68 katsayısı ile lifli beton döşemenin taşıma gücüne göçme sonrasındaki lif katkısı eklenmektedir. Lif kullanılmadığı durumda bu katsayı da kullanılmamaktadır. Bu çalışmada bağıntıda belirtildiği şekilde donatısız betona göre hesap yapılıp bunu bir katsayı ile artırmak yerine, deneyler sonucu elde edilen basınç dayanımı değerlerinden, Eurocode 2'nin [118] C50 ve üzeri betonlar için önerdiği,

$$f_{ctm} = 2{,}12 \ln(1 + (f_{cm}/10)) \tag{72}$$

bağıntısı ve C50'nin altında kalan beton sınıfları için önerdiği,

$$f_{ctm} = 0{,}30 f_{ck}^{(2/3)} \tag{73}$$

bağıntısından faydalanılarak betonlar için ortalama çekme dayanımları belirlenmiş ve buradan da karakteristik dayanımlar,

$$f_{ctk} = 0{,}7 f_{ctm} \tag{74}$$

bağıntısı kullanılarak elde edilmiştir. Her bir lifli beton için karakteristik basınç ve çekme dayanımları hesaplanmış ve moment kapasiteleri ile birlikte Tablo 57'de verilmiştir.

Tablo 57. Lifli beton döşemeler için hesap sonuçları

Döşeme	f_{ck} (MPa)	f_{ctk} (Mpa)	m_r (kNm/m)	Deneysel taşıma kapasitesi (kN)	P.m.ç.'ne göre olması gereken kapasitesi (kN)
AL4	70,2	3,08	5,42	12,98	43,36
ALB4	72,3	3,12	8,82	9,58	70,56
AGL4	36,3	2,30	4,04	4,59	32,32
AGLB4	35,7	2,27	6,41	4,01	51,28
AL4I	76,5	3,20	5,63	15,45	45,04
ALB4I	74,5	3,16	8,93	13,29	71,44
AGL4I	40,9	2,49	4,38	4,02	32,16
AGLB4I	36,5	2,31	6,52	3,71	52,16

Her iki boyuttaki döşemeye ait plastik mafsal çizgisi çözümleri aynı olduğundan, hesaplar sonucunda elde edilen en küçük moment kapasitesine sahip döşeme (AGL4) üzerinde hesap yapıldığında bu döşemenin moment değerine karşılık gelen yük 32,32 kN olarak belirlenmektedir. Oysa söz konusu döşemenin deneysel eğilme kapasitesi 4,59 kN olarak elde edilmiştir. Bu durumda plastik mafsal çizgileri yönteminin bu çalışma kapsamında denenen döşemelerde kullanılabilir olduğu söylenememektedir. Bunun nedeni, kırılma anında liflerde akma olup olmadığının bilinmemesidir. Lifin maksimum çekme dayanımı 1100 MPa olarak Tablo 8'de verilmişti. Bu değer, Tablo 7'de verilmiş olan donatının ortalama çekme dayanımı olan 619 MPa değerinin neredeyse iki katıdır. Döşemeye etkiyen tekil yük ise, yüksek dayanımlı lifli döşemeler için, basit mesnetli betonarme döşemelerden elde edilen ortalama kırılma yükü olan 31 kN'un üçte biri kadardır. Bu durumda liflerde akma oluşmadığı söylenebilmektedir. Buna ek olarak deneylerdeki göçme mekanizmalarının hepsinde döşemelerin kırılma çizgileri boyunca liflerde herhangi bir kopma da gözlenmemiştir (bkz. Şekil 169). Bu durumda bu çalışma kapsamında denenen lifli döşemelerin aderans kaybı nedeniyle taşıma güçlerini yitirdikleri ortaya çıkmaktadır. Ancak bu döşemelerde belirgin bir göçme mekanizması oluşmaktadır.

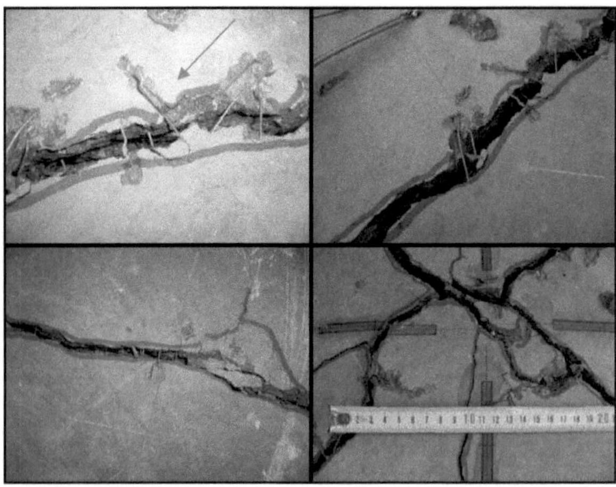

Şekil 169. Lifli döşemelerdeki kırıklar

Literatürdeki bazı çalışmalarda betonarme donatısının yanında kullanılan liflerin yaptığı katkı göz önüne alınarak hesap önerileri verilmektedir [119]. Bu çalışmada benzer şekilde hareket edilerek lifsiz beton döşemelerin taşıma gücü değerleri hesaplanacak ve bu değerler lifli döşemelere ait taşıma kapasiteleriyle karşılaştırılacaktır.

Deney elemanlarının üretiminde kullanılan yüksek dayanımlı ve geleneksel betonların Tablo 13'de verilen ortalama değerlerinden hareketle, 660x660x40 ve 1060x1060x40 mm boyutlarındaki döşemeler için, lif kullanılmamış beton döşemenin çatlama momenti değerleri [113],

$$M_{cr} = 2{,}5 f_{ctk} \frac{I_c}{y} \tag{75}$$

bağıntısıyla belirlenebilmektedir. Bu şekilde belirlenen moment değerlerine karşılık gelen yükler, lifsiz betonun davranışı lineer-elastik davranış kabulüne uygun olduğu için SAP 2000 programında geleneksel ve yüksek dayanımlı betona ait mekanik parametreler (E ve ν) kullanılarak modellenmiş ve bu moment değerini üreten yükler belirlenmiştir. Çözümlemeler sonucu elde edilen momentlerin dağılımı, 660x660x40 mm boyutundaki yüksek dayanımlı beton döşeme için Şekil 170'te, aynı boyuttaki geleneksel beton döşeme için ise Şekil 171'de verilmektedir.

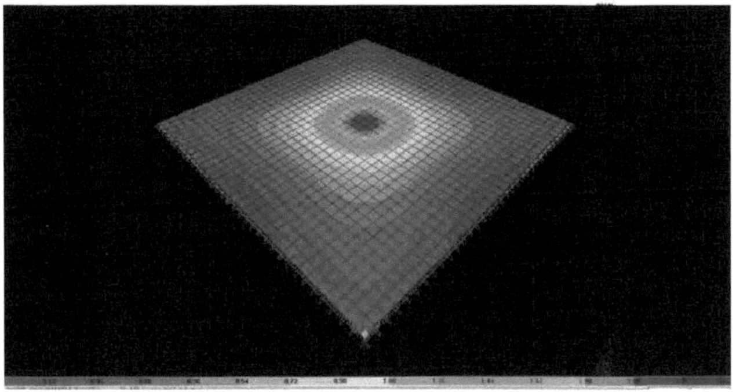

Şekil 170. Boyutları 660x660x40 mm olan yüksek dayanımlı beton döşemelerdeki moment dağılımları

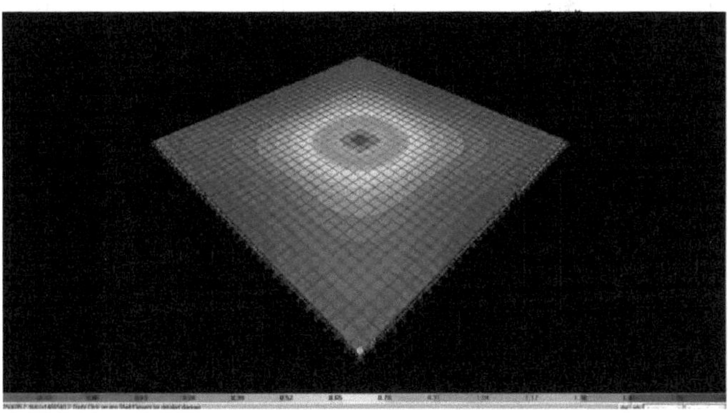

Şekil 171. Boyutları 660x660x40 mm olan geleneksel beton döşemelerdeki moment dağılımları

Moment dağılımları benzer şekilde, 1060x1060x40 mm boyutlarındaki yüksek dayanımlı ve geleneksel beton döşemeler için de belirlenmiş ve sırasıyla Şekil 172 ve Şekil 173'te verilmiştir. Verilen bütün moment dağılımları, lif kullanılmayan beton döşemelere aittir.

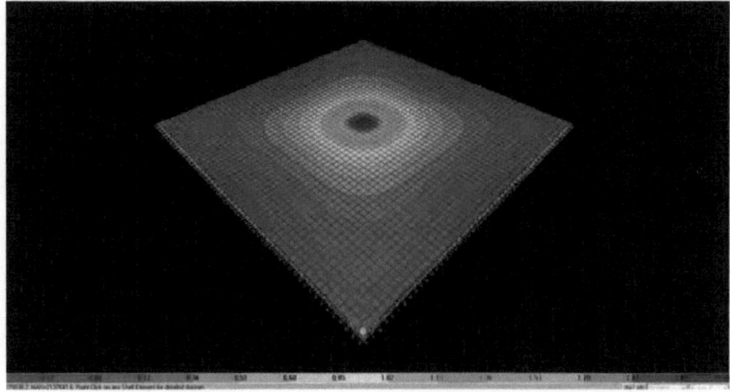

Şekil 172. Boyutları 1060x1060x40 mm olan yüksek dayanımlı beton döşemelerdeki moment dağılımları

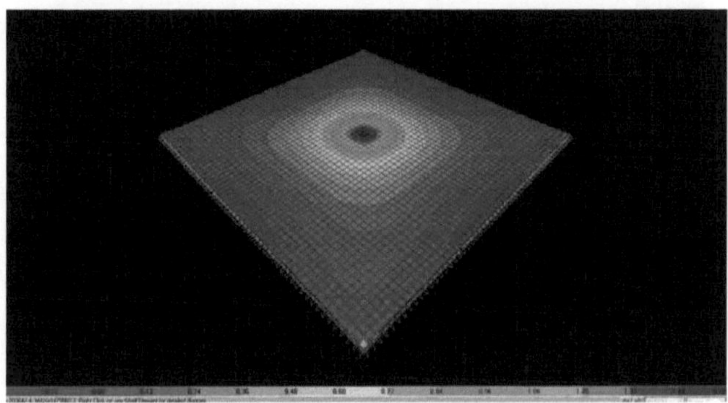

Şekil 173. Boyutları 1060x1060x40 mm olan geleneksel beton döşemelerdeki moment dağılımları

Her bir lifsiz betona karşılık gelen çekme dayanımları hesaplanmış, moment kapasiteleri ile buna karşılık gelen yük değerleri Tablo 58'de verilmiştir. Karakteristik çekme dayanımı hesabında, (72) ve (73) no'lu bağıntılara göre, yüksek dayanımlı betonlarda f_{cm} geleneksel betonlarda f_{ck} değerleri kullanılmıştır.

Tablo 58. Lifsiz beton döşemelere ait değerler

Döşeme serbest açıklıkları (mm)	Beton	f_{cm}-f_{ck} (MPa)	f_{ctk} (MPa)	M_{cr} (kNm/m)	Beton döşeme teorik kırılma yükü P_{bd} (kN)
660x660x40	Yüksek dayanımlı	74,68	3,17	2,11	1,18
1060x1060x40	Yüksek dayanımlı	74,68	3,17	2,11	0,94
660x660x40	Geleneksel	33,6	2,18	1,45	0,81
1060x1060x40	Geleneksel	33,6	2,18	1,45	0,64

Farklı oranlarda lif kullanımı nedeniyle döşemelerin taşıma kapasiteleri yükselmiştir. Taşıma kapasitelerindeki artış her bir döşeme için, lif kullanılmadığı durumla karşılaştırılarak Tablo 59'da verilmektedir.

Tablo 59. Lifli döşemelere ait karşılaştırmalar

Döşeme Adı	Serbest açıklık (mm)	Hacimce lif oranı (%)	Beton döşeme kırılma yükü P_{bd} (kN)	Lifli döşeme deneysel kırılma yükü P (kN)	P/P_{bd}
AL4	660x660x40	0,50	1,18	12,58	10,66
AL4I	660x660x40	1,0	1,18	15,45	13,09
AGL4	660x660x40	0,50	0,81	4,59	5,67
AGL4I	660x660x40	1,0	0,81	4,02	4,96
ALB4	1060x1060x40	0,50	0,94	9,58	10,19
ALB4I	1060x1060x40	1,0	0,94	13,29	14,13
AGLB4	1060x1060x40	0,50	0,64	4,01	6,26
AGLB4I	1060x1060x40	1,0	0,64	3,71	5,79

Tabloda P/P_{bd} oranıyla, beton döşemede lif kullanımının belirtilen boyutlardaki döşemelere katkısı ifade edilmektedir. Yüksek dayanımlı betondan yapılan AL4 döşemesinde hacimce %0,50 lif kullanımı nedeniyle aynı döşemenin betondan yapılması durumuna göre yük taşıma kapasitesinde Tablo'da belirtilen oranlarda artış sağlanmaktadır. Yüksek dayanımlı lifli beton döşemeler için (tabloda G harfi içermeyen döşeme isimleri) bu katkı lif oranı arttıkça yükselmekte, geleneksel lifli döşemelerde ise bu değişim fazla olmamakta ya da azalmaktadır.

4. SONUÇLAR VE ÖNERİLER

Bu çalışmanın temel amacı betonarmenin davranışını daha iyi temsil eden plastik mafsal çizgileri yöntemiyle yüksek dayanımlı betonarme döşemelerin davranışlarını deneysel ve teorik olarak incelemekti. Bu amaçla farklı boyutlarda yüksek dayanımlı betonarme döşemeler üretilerek bunların deneysel kırılma mekanizmaları ve plastik mafsal çizgileri yöntemiyle belirlenen göçme mekanizmaları incelenmiş ve teorik göçme mekanizmasına bağlı olarak göçme yükleri araştırılmıştır. Bununla birlikte yüksek dayanımlı betonarme döşeme davranışları ile yüksek dayanımlı betona göre daha sünek davranış gösteren geleneksel betonla üretilen betonarme döşemelerin davranışları karşılaştırılmıştır. Ayrıca bu çalışma kapsamında, günümüzde yaygın kullanım alanı bulan çelik lif katkılı geleneksel ve yüksek dayanımlı beton döşemeler de üretilmiş ve plastik mafsal çizgileri yönteminin uygulanabilirliği araştırılmıştır.

Gerçekleştirilmiş olan çalışmaların tümünden çıkarılabilecek bazı sonuç ve öneriler aşağıda özetlenmektedir.

1. Bu çalışma kapsamında karakteristik basınç dayanımı 66,4 MPa olan yüksek dayanımlı beton ve basınç dayanımı 33,6 MPa olan geleneksel beton kullanılmıştır.
2. Lifli döşemelerde kullanılan %0,50 lif içerikli betonun karakteristik basınç dayanımı 71,3 MPa, %1 lif içerikli olanınki ise 75,7 MPa olarak elde edilmiştir. Aynı lif içeriklerinde geleneksel lifli betonların karakteristik basınç dayanımları sırasıyla 36 MPa ve 38,7 MPa'dır.
3. Yüksek dayanımlı betonarme döşemelerde her iki doğrultuda 8 mm çapında, 100 mm aralıklarla donatı kullanılması halinde elde edilen kırılma yükleri, aynı döşeme kalınlığı için döşeme kenarlarının ankastre olduğu durumda, kırılma mekanizmasına bağlı olarak diğer mesnetlenme koşullarına göre daha fazla yük taşıma kapasitesine sahiptir. En düşük kırılma yükü basit mesnetli döşemelerde gözlenmiştir. Bununla birlikte en fazla sehim de bu döşemelerde gerçekleşmiştir.
4. Farklı mesnet koşullarında ve farklı donatı aralıklarında üretilen yüksek dayanımlı betonarme döşemelerde donatı aralığının deneysel göçme yükünü etkilediği görülmektedir. Dört kenarından ankastre ve donatısı 50 mm aralıklı döşemelerde en büyük kırılma yükü 83,13 kN olarak elde edilmiştir. Bu değer, donatı aralığının 100 mm olması durumunda 43,57 kN ve 150 mm olması durumunda ise 25,75 kN

olarak elde edilmiştir. Aynı şekilde döşemenin dört kenarından basit mesnetli olması durumunda donatı aralığı 50 mm olan için kırılma yükü 65,49 kN , 100 mm olan için 31,79 kN , 150 mm olan için ise 22,96 kN olarak elde edilmiştir. Donatı aralığı 50 mm olan komşu kenarlarından ankastre döşemelerde kırılma yükü 78,27 kN , donatı aralığının 100 mm olması durumunda 42,96 kN ve donatı aralığının 150 mm olması durumunda ise 24,43 kN olarak elde edilmiştir. Paralel kenarlarından ankastre olan döşemelerde donatı aralığının 50 mm, 100mm ve 150 mm olması durumunda göçme yükü sırasıyla 80,71 kN , 41,11 kN ve 24,09 kN olarak elde edilmiştir. Bu da yüksek dayanımlı betonla üretilen döşemelerde de donatı oranının kırılma yükünde etkili olduğunu göstermektedir.

5. Yüksek dayanımlı betonarme döşeme davranışlarıyla karşılaştırmak amacıyla üretilen geleneksel betonarme döşemeler dört kenarından ankastre olarak denenmiştir. En büyük göçme yükü 40 mm kalınlığa sahip ve boyutları 900x900 mm olan kare döşemelerde elde edilmiştir. Döşeme boyutları büyüdükçe göçme yüklerinde azalma gözlenmiştir. Bu seri deneylerde en küçük göçme yükü 32,76 kN ile 1300x1300 mm boyutlarındaki kare döşemelerden elde edilmiştir. Bu döşemelere karşılık gelen yüksek dayanımlı betonarme döşemelerde göçme yükü boyutları 900x900 mm olanlarda 43,57 kN iken aynı boyutlu geleneksel betonarme döşemelerde 39,56 kN olmuştur. Bu döşemelerde göçme yüküne karşılık gelen sehim değeri yüksek dayanımlı betonarme döşeme için 13,36 mm iken geleneksel betonarme döşemede 27,72 mm olmuştur. Boyutları 900x1300 mm olan yüksek dayanımlı betonarme döşemenin göçme yükü 36,16 kN iken geleneksel 34,62 kN, sehimleri ise sırasıyla 37,05 mm ve 54,48 mm olarak elde edilmiştir. Aynı şekilde boyutları 1300x1300 mm olan yüksek dayanımlı betonarme döşemelerin göçme yükü 35,85 kN iken geleneksel döşemeninki 32,76 kN, sehimleri ise sırasıyla 49,44 mm ve 56,12 mm olarak elde edilmiştir. Bu da geleneksel betonarme döşemelerin daha sünek davranışa sahip olduğunu göstermektedir.
6. Çelik lif kullanılarak üretilen yüksek dayanımlı döşemelerin bütün kenarlarının ankastre olması durumunda göçme yükleri, iki farklı döşeme boyutu için de, geleneksel çelik lifli beton döşemelerinkine göre oldukça büyük elde edilmiştir. Lif içeriğinin %0,5 olması durumunda yüksek dayanımlı beton döşemelerin göçme yükü, 900x900 mm kare olanlar için 12,98 kN iken boyutları 1300x1300 mm olanlarınki 9,58 kN olarak elde edilmiştir. Aynı lif içeriğine sahip ve aynı

boyutlardaki geleneksel beton döşemelerde ise göçme yükleri sırasıyla 4,59 kN ve 4,01 kN olarak elde edilmiştir. Lif içeriğinin %1 olması durumunda yüksek dayanımlı beton döşemelerin göçme yükleri sırasıyla 15,45 kN ve 13,29 kN, geleneksel betondan yapılanlarınki ise sırasıyla 4,02 kN ve 3,71 kN olarak elde edilmiştir. Buradan da görüldüğü gibi lif içeriği, denenen oranlarda, geleneksel betonların göçme yükünü çok fazla değiştirmemektedir. Ancak yüksek dayanımlı beton kullanılması durumunda lif içeriği göçme yükünü önemli ölçüde artırmıştır.

7. Kenarların basit mesnetli olması durumunda yüksek dayanımlı betonarme döşemelere plastik mafsal çizgileri yönteminin uygulanabilmesi için deneylerden elde edilen göçme mekanizmaları idealleştirilerek birçok göçme mekanizması belirlenmiştir. Göçme mekanizmalarının konumlarını belirleyebilmek için yapılan çalışmalardan elde edilen göçme yükleri 900x900 mm, 900x1300 mm ve 1300x1300 mm boyutlarındaki betonarme döşemeler için sırasıyla P=8,0565m , P= 7,86m ve P=7,54m olarak elde edilmiştir.
8. Basit mesnetli döşemeler için seçilen göçme mekanizmasından, deneysel göçme yüküne bağlı olarak elde edilen moment değerleriyle döşemenin direnme momenti birbirine oldukça yakın sonuçlar vermiştir. Bu momentler arasındaki fark en fazla %3 mertebesindedir. Bu da yüksek dayanımlı betonarme döşemelerin basit mesnetli olması durumunda seçilen göçme mekanizmasının uygun olduğunu ve plastik mafsal çizgileri yönteminin bu döşemeler için rahatlıkla kullanılabileceğini göstermiştir.
9. Dört kenarından ankastre olan yüksek dayanımlı betonarme döşemelerde yükleme plağı köşelerini merkez kabul eden r yarıçaplı çeyrek daireler ve yükleme plağının kenarları boyunca daire yarıçapı kadar uzanan dikdörtgen bölgeler içeren göçme mekanizması seçilmiştir. Buna göre göçme mekanizmasındaki tek parametre olan r'nin tüm kenarları ankastre döşemeler için döşeme boyutlarıyla birlikte arttığı ancak yükün uygulanma yeri değişmediği için konumunun değişmediği görülmüştür.
10. Paralel kenarların türdeş olması durumunda yüksek dayanımlı betonarme döşemelere ait plastik mafsal çizgilerinin konumları belirlenmiş ve bu göçme mekanizmalarında döşemenin mesnetlenme şekline ve deneysel taşıma kapasitesine bağlı olarak r değerinin değiştiği ancak şeklinin değişmediği görülmüştür. Bu tür döşemelerde verilen göçme mekanizmalarının kullanılması halinde plastik mafsal

çizgileri yöntemine göre elde edilecek momentlerin direnme momenti ile uyum içinde olduğu dolayısıyla da elde edilecek göçme yükünün nihai göçme yükü olduğunu göstermiştir.

11. Komşu kenarları ankastre olan yüksek dayanımlı betonarme döşemelerde deneysel göçme mekanizması ve buna bağlı olarak seçilen göçme mekanizması parametreleri döşeme boyutlarına bağlı olarak elde edilmiş ve bu tür mesnetlenme için seçilen göçme mekanizmasının kullanımı durumunda elde edilecek yükün nihai göçme yükü olduğu, dolayısıyla da plastik mafsal çizgilerinin bu tür döşemeler için de kullanılabileceği görülmüştür.
12. Yüksek dayanımlı betonla üretilen ve 80 mm kalınlığa sahip döşemelerde belirgin herhangi bir göçme mekanizması elde edilememiştir. Buna karşın aynı serbest açıklıktaki (660x660 mm) basit mesnetli döşemelere plastik mafsal çizgileri yönteminden belirlenen göçme mekanizması 80 mm kalınlığındaki basit mesnetli döşemeye uygulanmış ve deneysel yük taşıma kapasitesinden daha fazla bir yük değeri (112 kN) elde edilmiştir. Oysa basit mesnetli bu döşemenin deneysel yük taşıma kapasitesi 92,35 kN'dur. Buna ek olarak bu tür döşemelerde yüksek dayanımlı betonların gevrek davranış özelliğinin daha da baskın olduğu görülmektedir. Bu tür döşemelerin deneylerde gevrek davranış göstererek aniden yerel olarak kırılıp taşıma gücünü kaybettiği gözlenmiştir.
13. Son yıllarda yaygın kullanım alanı bulunan çelik liflerin yüksek dayanımlı beton ve geleneksel betonlara iki farklı lif içeriğinde katılmasıyla üretilen lifli döşemelerin davranışları incelenmiş ve bunların göçme mekanizmaları belirlenmiştir. Kullanılan çelik liflerin çekme dayanımının 1100 MPa gibi yüksek bir değerde olması nedeniyle liflerin hem yüksek dayanımlı ve hem de geleneksel beton döşemelerde akma dayanımına ulaşmadan beton içinden sıyrılarak çıktığı gözlenmiştir.
14. Yüksek dayanımlı ve geleneksel lifli beton döşemeler için deneysel göçme mekanizmalarından yararlanılarak belirlenen kırılma mekanizmaları için elde edilen göçme yükleri deneysel göçme yüklerinden oldukça büyüktür. Döşemelerde liflerin, betonarme çeliği gibi beton içinde sürekli olmamaları nedeniyle plastik mafsal çizgilerine uygulanabilirliğinin olmadığı görüşmüştür.
15. Donatı ve lif kullanılmaksızın üretilen beton kesitler için literatürde verilen bağıntılar kullanılarak çatlama momenti hesaplanmıştır. Bu moment yardımıyla belirlenen kırılma yükü ile karşılaştırıldığında, lif kullanımı nedeniyle çelik lifli

yüksek dayanımlı ve geleneksel döşemelerin kırılma yüklerinin oldukça arttığı görülmektedir.

16. Yüksek dayanımlı betonarme döşeme davranışlarının plastik mafsal çizgileri yöntemine göre incelenmesi için gerçekleştirilen bu çalışmaya paralel olarak farklı döşeme kalınlıkları ve farklı dayanım sınıflarında beton kullanılarak yeni çalışmalar gerçekleştirilebilir.
17. Farklı boyuttaki betonarme döşemelerde farklı donatı oranları ve farklı yükleme şekilleri altında deneyler gerçekleştirilebilir.
18. Çelik lif katkılı yüksek dayanımlı ve geleneksel beton döşemelerde farklı lif oranlarına bağlı olarak plastik mafsal çizgileri yönteminin geçerliliği araştırılabilir.
19. Farklı enkesit ve mesnetlenme koşullarına sahip yüksek dayanımlı ve geleneksel döşemelere farklı oranlarda çelik lif katılarak bu döşemelerin göçme mekanizmaları incelenebilir.

5. KAYNAKLAR

1. Ersoy, U., Betonarme Temel İlkeler ve Taşıma gücü, 1. Cilt, Evrim Yayınevi, İstanbul,1986.

2. Celep, Z. ve Kumbasar, N., Betonarme Yapılar, 2. Baskı, Sema Matbaacılık, İstanbul, 1998.

3. Mailer, Y., Yüksek Performanslı Beton, TMMOB İnşaat Mühendisleri Odası 2. Ulusal Beton Kongresi, Mayıs 1991, İstanbul, Bildiriler Kitabı, 15-22.

4. Meyer, C., Design of Concrete Structures, First Edition, Prentice Hall Inc. New-jersey,1996.

5. Wilby, C.B., Concrete Materials and Structures, Revised Edition, Cambridge University, 1991.

6. ACI Comittee 363, State-of-the-art Report on High Strength Concrete, ACI Journal, (1984) 364-410.

7. Üzümeri, Ş.M. ve Özden, Ş., Yüksek Dayanımlı Betonun İnşaatta Kullanımı Konusunda Standartlar ve Yönetmeliklerdeki Gelişmeler, TMMOB İnşaat Mühendisleri Odası 2. Ulusal Beton Kongresi, Mayıs 1991, İstanbul, Bildiriler Kitabı, 159-182.

8. Nilson, A.H., Design Implications of Current Research on High-Strength Concrete, High Strength Concrete ACI SP-87, (1985) 85-118.

9. Swamy, R.N., High Strength Concrete-Material Properties and Structural Behavior, High Strength Concrete ACI SP-87, (1985) 119-146.

10. CEB-FIP (MC90) Model Code for Concrete Structures, Committee Euro-International du Beton, Bulletin d'Information No. 213/214, Lausanne, Switzerland, 1990.

11. TS 500, Betonarme Yapıların Hesap ve Yapım Kuralları, TSE, Ankara, 1985.

12. ACI 318-89, Building Code Requirements for Reinforced Concrete, American Concrete Institute, Detroit, 1989.

13. Pul, S., Doğu Karadeniz Bölümü Agregalarıyla Yüksek Performanslı Beton Üretimi ve Özelliklerinin Diğer Betonlarla Karşılaştırmalı Olarak İncelenmesi, Doktora Tezi, KTÜ, Fen Bilimleri Enstitüsü, Trabzon, 2000.

14. Öztekin, E., Basit Eğilme Etkisindeki Yüksek Performanslı Betonarme Kiriş Hesabı İçin Gerilme-Şekil Değiştirme ve Eşdeğer Gerilme Dağılım Modellerinin Araştırılması, Yüksek Lisans Tezi, KTÜ, Fen Bilimleri Enstitüsü, Trabzon, 2000.

15. Pul, S., Hüsem, M. ve Öztekin, E., Eğilme Etkisindeki Yüksek Performanslı Betonarme Kesitlerde Gerilme Bloğu Parametreleri, S.A.U. Fen Bilimleri Dergisi, 6, 3 (2002) 128-134.

16. Ersoy, U. ve Tankut, T., Yüksek Dayanımlı Betonun Yapısal Davranışı ile İlgili Bir İrdeleme, TMMOB İnşaat Mühendisleri Odası 2. Ulusal Beton Kongresi, Mayıs 1991, İstanbul, Bildiriler Kitabı, 122-139.

17. Arslan, A. ve Aydın, C., Lifli Betonların Darbe Etkisi Altında Genel Özellikleri, Teknik Rapor, BEKSA-İzmit, 2002.

18. ASTM C1018, Standard Test Method for Flexural Toughness and First Crack Strength of Fiber Reinforced Concrete, ACI, USA, 1985.

19. Alsayed, S.H., Flexural Deflection of Reinforced Fibrous Concrete Beams, ACI Structural Journal, 9,1 (1993) 72-76.

20. Johnston, C.D., Toughness of Steel Fiber Reinforced Concrete, Steel Fiber Concrete, Elsevier, 333-360, 1986.

21. Arslan, A. ve Aydın, C., Lifli Betonların Genel Özellikleri, Hazır Beton Dergisi, 6,36 (1999) 67-75.

22. Tokyay, M., Ramyar, K. ve Turanlı, L., Polipropilen ve Çelik Lifli Yüksek Dayanımlı Betonların Basınç ve Çekme Yükleri Altındaki Davranışları, TMMOB İnşaat Mühendisleri Odası 2. Ulusal Beton Kongresi, Mayıs 1991, İstanbul, Bildiriler Kitabı, 174-190.

23. Bentur, A. ve Mindness, S., Fibre Reinforced Cementitious Composites, Elsevier Applied Science, 1990.

24. ACI Committee 544, State of the art Report on Fiber Reinforced Concrete, ACI 544-1R-96, American Concrete Institute, Farmington Hills, Michigan, 1997.

25. Uğurlu, A., Çelik Liflerle Güçlendirilmiş Beton, T.C. Enerji ve Tabii Kaynaklar Bakanlığı D.S.İ. Genel Müdürlüğü Teknik Araştırma ve Kalite Kontrol Dairesi Başkanlığı, Yayın No: MLZ-878, İkinci Baskı, Ankara, 1999.

26. Öztürk, H., Doğu Karadeniz Bölümü Agregalarıyla Üretilen Lifsiz ve Çelik Lifli Geleneksel ve Yüksek Performanslı Betonların Davranışlarının Karşılaştırmalı olarak İncelenmesi, Doktora Tezi, KTÜ, Fen Bilimleri Enstitüsü, Trabzon, 2005.

27. TS 10514, Beton-Çelik Tel Takviyeli-Çelik Telleri Betona Karıştırma ve Kontrol Kuralları, TSE, Ankara, Aralık 1992.

28. TS 1247, Beton Yapım Döküm ve Bakım Kuralları (Normal Hava Koşullarında), TSE, Ankara, Mart 1984.

29. TS 10513, Çelik Teller- Beton Takviyesinde Kullanılan, TSE, Ankara 1992.

30. Çivici, F. ve Eren, İ., Çelik Lifli Betonun Direkt Çekme Dayanımının Ölçülmesi Üzerine Deneysel Bir Çalışma, Türkiye Mühendislik Haberleri, 434 (2004) 6.

31. Taşdemir, M.A. ve Bayramov, F., itüdergisi/d mühendislik, 1, 2, (2002) 125-144.

32. Arslan, A. ve Ulucan Z.Ç., Çelik Liflerin Erken Yaştaki Betonarme Kirişlerin Göçmesine Etkisi, Kısa Bildiri, İMO Teknik Dergi , 8 (1997).

33. Altun, F., Yılmaz, C., Durmuş, A. ve Arı, K., Çelik Lif Katkılı ve Katkısız Betonarme Kirişlerin Basit Eğilme ve Patlama Yüklemesi ile Davranışlarının İncelenmesi, Erciyes Üniversitesi Fen Bilimleri Enstitüsü Dergisi 22,1-2, (2006) 112-120.

34. Şimşek, O., Erdal, M. ve Sancak, E., Silis Dumanının Çelik Lifli Betonun Eğilme Dayanımına Etkisi, Gazi Üniv. Müh. Mim. Fak. Dergisi, 20, 2 (2005) 211-215.

35. Yaprak, H., Beton Kaplamalı Kanallarda Malzeme Dayanıklılığını Artırma Olanakları, Doktora Tezi, Ankara Üniversitesi, Fen Bilimleri Enstitüsü, Ankara, 2002.

36. Sancak, E., Hafif Agregalı Beton Blokların Mekanik Özellikleri Üzerine Çelik Lif Kullanımının Etkisi, Yüksek Lisans Tezi, Süleyman Demirel Üniversitesi, Fen Bilimleri Enstitüsü, Isparta, 1998.

37. Erbaş, M., Lif Donatılı Betonlar, Hazır Beton Dergisi, (1999) 93-95.

38. Okay, F., Özden, Ş. ve Engin, S., Çelik Lif Katkılı Normal Dayanımlı Beton ile Üretilmiş Betonarme Kirişlerin Burulma Davranışı, BAPB : Proje No: 2004/18.

39. Yelgin N.A. ve Yalman, N.Y., Çelik Liflerle Güçlendirilmiş Hazır Betonarme Plaklı Kompozit Kirişlerin Negatif Moment Bölgesinde Yapısal Davranışı, 12.Prefabrike Yapılar Sempozyumu, İstanbul, 2007.

40. Uğural, A.C., Stresses in Plates and Shells, Mc-Graw Hill, 1981.

41. Szilard, R., Theory and Analysis of Plates Classical and Numerical Methods, Prentice Hall Inc., 1974.

42. Save, M.A. ve Masonnet, C.E., Plastic Analysis And Design Of Plates Shells And Disks, North-Holland Publishing Company, 1972.

43. Gould, P., Analysis of Plates and Shells, Prentice Hall, 1999.

44. Taylor, S.E., Rankin, G.I.B. ve Cleland, D.J., Arching Action in High Strength Concrete Slabs, Proc Inst Civil Engrs Struct Buildings, 146-4, (2001) 353-362.

45. Ersoy, U., Betonarme 2 Döşeme ve Temeller, Evrim Yay., 1995.

46. British Standards Institution. BS 8110: Part 1. Structural Use of Concrete, Part 1. Code of Practice for Design and Construction, London, 1997.

47. Clark, L.A., Collapse Analysis of Short to Medium Span Concrete Bridges. Transport and Road Research Laboratory, Crowthorne, 1984, 195.

48. Inglersev, A., om en Elemantaer Bereningsmetode of Krydsarmerede Plader, Ingenioren, 30,69, 1921.

49. Johansen, K. W. Brudlinieteorier. Jul. Gjellerups Forlag, Copenhagen,1943, 191pp. (Yield Line theory, Translated by Cement and Concrete Association, London, 1962, 181).

50. Kennedy G. ve Goodchild, C., Practical Yield Line Design, Reinforced Concrete Council, British Cement Association Publication, 2000.

51. Hüsem, M., Dikdörtgen Kesitli Betonarme Sıvı Depolarının Projelendirilmesinde Kullanılan Çeşitli Yöntemlerin Karşılaştırılması, Yüksek Lisans Tezi, KTÜ, Fen Bilimleri Enstitüsü, Trabzon, 1990.

52. Nilson, A.H., Design of Concrete Structures, Mc-Graw Hill, 2000.

53. Jones, L.L. ve Wood, R.H., Yield Line Analysis Of Slabs, Thames&Hudson and Chatto&Windus, London, 1967.

54. Jones, L.L., Ultimate Load Analysis of Reinforced and Prestressed Concrete Structures. London, Chatto & Windus, 1962, 248.

55. The Concrete Society. Concrete Industrial Ground Floors: A Guide to Their Design And Construction. Concrete Society Technical Report 34. The Concrete Society, 1994, 148.

56. Li, R., Cho, Y.S. ve Zhang, S., Punching Shear Behavior of Flat Plate Slab Reinforced with Carbon Fiber Reinforced Polymer Rods, Composites : Part B 38 (2007) 712-719.

57. Rodrigues, R.V., Ruiz, M.F. ve Muttoni, A., Shear Strength of R/C Brigde Cantilever Slabs, Engineering Structures, Article in press, Elsevier, 2008.

58. Choi, K.K., Taha, M.M.R., Park, H-G. ve Maji, A.K., Punching Shear Strength of Interior Concrete Slab-Column Connections Reinforced with Steel Fibers, Cement and Concrete Composites, 29 (2007), 409-420.

59. Asamoah, M.A. ve Kankam, C.K., Flexural Behavior of One-Way Concrete Slabs Reinforced with Steel Bars Milled from Scrap Materials, Accepted Manuscript, Materials & Design, Elsevier, 2008.

60. Michel, L., Ferrier, E., Bigaud, D. ve Agbossou, A., Criteria for Punching Failure Mode in RC Slabs Reinforced by Externally Bonded CFRP, Composite Structures, 81 (2007) 438-449.

61. Taylor, S.E. ve Mullin, B., Arching Action in FRP Reinforced Concrete Slabs, Construction and Building Materials, 20 (2006) 71-80.

62. Bailey, C.G. ve Toh, W.S., Small-Scale Concrete Slab Tests at Ambient and Elevated Temperatures, Engineering Structures, 29 (2007) 2775-2791.

63. Simmonds, S.H. ve Ghali A., Yield Line Design of Slabs, Journal of the Structural Division, 102, 1 (1976) 109-123.

64. Zagottis, D.L. Yield Line Theory: A General Energy Formulation, Journal of the Structural Division, 103, 3 (1977) 679-694.

65. Gazetas G.C. ve Tassios T.P., Elastic Plastic Slabs on Elastic Foundation, Journal of the Structural Division, 104, 4 (1978) 621-636.

66. Baumann, R.A. ve Weisgerber F.E., Yield Line Analysis of Slabs-On-Grade, Journal of Structural Engineering, 109, 7 (1983) 1553-1568.

67. Balasubramayam, K.V. ve Kayanaraman, V., Yield Line Analysis by Linear Programming, Journal of Structural Engineering, 114, 6 (1988) 1431-1437.

68. Thavalingham, A., Jennings, A., Sloan, D. ve Mckeown, J.J., Computer Assisted Generation of Yield-Line Patterns for Uniformly Loaded Isotropic Slabs Using an Optimization Strategy, Engineering Structures, 21 (1999) 481-496.

69. Munro J. ve Da Fonseca AMA., Yield Line Method by Finite Elements and Linear Programming, The Structural Engineer, 56B,2 (1978) 37-44.

70. Hillerborg A., Equlibrium Theory for Reinforced Concrete Slabs, Betong, 1956.

71. Hillerborg A., Strip Method of Design, E&FN Spon, London, 1975.

72. Johnson D., On the Safety of the Strip Method for Reinforced Concrete Slab Design, Computers and Structures, 79 (2001) 2425-2430.

73. Famiyesin, O.O.R., Hossain K.M.A., Chia, Y.H. ve Slade, P.A., Numerical and Analytical Predictions of The Limit Load of Rectangular Two Way Slabs, Computers and Structures, 79 (2001) 43-52.

74. Aly, A. ve Kennedy, J.B., Design of Horizontally Waffle Slab Structures, Engineering Structures, 19, 1 (1997) 37-49.

75. Denton, S.R., Compatibility Requirements for Yield Line Mechanisms, International Journal of Solids and Structures, 38 (2001) 3099-3109.

76. Gonhert, M., Collapse Load Analysis of Yield Line Elements, Engineering Structures, 22, (2000) 1048-1054.

77. Ramsay, A.C.A. ve Johnson, D., Analysis of Practical Slab Configurations Using Automated Yield Line Analysis and Geometric Optimization of Fracture Patterns, Engineering Structures, 20, 8 (1998) 647-654.

78. Thavalingham, A., Jennings, A., Sloan, D. ve Mckeown, J.J., "A Computerized Method for Rigid Plastic Yield Line Analysis of Slabs", Computers and Structures, 68 (1998) 601-612.

79. Ho, S.L., An Investigation into The Behaviour of Hollow Ribbed (Waffle) Rectangular Reinforced Concrete Slabs at Ultimate Limit State, Phd Thesis, Council For National Academic Awards (United Kingdom), 1989, 368 s.

80. Sagur, S.M., The Use of Small Scale Modelling to Study the Behaviour of Simply Supported Reinforced Concrete Slabs with Openings Under Uniform Loading, PhD Thesis, Drexel University, 1994, 354 s.

81. Niblock, R.A., Compressive Membrane Action and The Ultimate Capacity of Uniformly Loaded Reinforced Concrete Slabs, PhD Thesis, Queen's University of Belfast, 1986, 326 s.

82. Darwish, M.N.A.N., Structural Analysis and Design of Reinforced Concrete Slabs-On-Grade, PhD Thesis, Cornell University, 1988, 403 s.

83. Curry, J., Optimal Design of Reinforced Concrete Slabs Using Yield Line Theory, PhD Thesis, Queen's University of Belfast, 2003, 217 s.

84. Grira, M., A Critical Rewiew of The Symmetric Punching Shear of Reinforced Concrete Flat Slabs, PhD Thesis, University of Ottawa, 1990, 252 s.

85. Hüsem, M. ve Durmuş, A., Analysis of Rectangular Reinforced Concrete Liquid Storage Tanks by Yield Line Theory, International Journal for Computational Civil and Structural Engineering, 1, 3 (2000) 58-62.

86. Johnson, D., Automated Yield-Line Analysis of Orthotropic Slabs, International Journal of Solids and Structures, 33, 1 (1996) 1-10.

87. Johnson, D., Yield-Line Analysis by Sequential Linear Programming, International Journal of Solids and Structures, 32,10 (1995) 1395-1404.

88. Ramsay, A.C.A. ve Johnson, D., Analysis of Practical Slab Configurations Using Automated Yield-Line Analysis And Geometric Optimization of Fracture Patterns, Engineering Structures, 20, 8 (1998) 647-654.

89. Gonhert, M. ve Kemp, A.R., Yied-Line Elements : For Elastic Bending of Plates and Slabs, Engineering Structures, 17, 2 (1995) 87-94.

90. Bauer, D. ve Redwood, R.G., Numerical Yield Line Analysis, Computers&Structures, 26, 4 (1987) 587-596.

91. Foster, S.,J., Bailey, C.G., Burgess, I.W. ve Plank, R.J., Experimental Behaviour of Concrete Slabs at Large Displacements, Engineering Structures, 26 (2004) 1231-1247.

92. Oh, H., Sim, J. ve Meyer, C., Experimental Assessment of Bridge Deck Panels Strengthened with Carbon Fiber Sheets, Composites Part B: engineering, 34 (2003) 527-538.

93. Akkurt, M.Y., Betonarmede Onarım-Güçlendirme ve Çeşitli Tekniklerle Onarılıp Güçlendirilen Betonarme Döşeme Plaklarının Davranışlarının Karşılaştırmalı Olarak İncelenmesi, Yüksek Lisans Tezi, KTÜ, Fen Bilimleri Enstitüsü, Trabzon, 1998.

94. Binici, B. ve Bayrak, O., Upgrading Of Slab-Column Connections Using Fiber Reinforced Polymers, Engineering Structures, Article in Press, (2008).

95. Limam, O., Foret, G. ve Ehrlacher, A., RC Two-Way Slabs Strengthened With CFRP Strips : Experimental Study And A Limit Analysis Approach, Composite Structures, 60 (2003) 467-471.

96. Mosallam, A.S. ve Mosalam, K.M., Strenghtening Of Two Way Concrete Slabs With FRP Composite Laminates, Construction and Building Materials, 17 (2003) 43-54.

97. Khaloo, A.R. ve Afshari, M., Flexural Behavior Small Steel Fibre Reinforced Concrete Slabs, Cement and Concrete Composites, 27 (2005) 141-149.

98. Barros, J.A.O. ve Figueiras, J.A., Model For The Analysis Of Steel Fibre Reinforced Concrete Slabs On Grade, Computers and Structures, 79 (2001) 97-106.

99. Günaydın, A., Düzgün Yayılı Yük Etkisindeki Betonarme Kalın Döşemelerin Reissner Teorisi Kullanılarak Analizi, Yüksek lisans tezi, , KTÜ, Fen Bilimleri Enstitüsü, Trabzon, 2000.

100. Saito, H., Imamura A., Takeuchi, M., Okamoto S., Kasai, Y., Tsubota, H. ve Yoshimura, M., Loading Capacities And Failure Modes of Various Reinforced Concrete Slabs Subjected To High Speed Loading, Nuclear Engineering and Design, 156, 1-2 (1995) 277-286.

101. Anderheggen, E., Glanzer, G. ve Steffen, P., Polyhedral Yield Surfaces in The Element Nodal Force Space, Computers and Structures, 78 (2000) 111-121.

102. Olsen, P.C., The Influence of The Linearisation of The Yield Surface on The Load-Bearing Capacity of Reinforced Concrete Slabs, Computer Methods in Applied Mechanics And Engineering, 162 (1998) 351-358.

103. Öztekin, E., Pul, S. ve Hüsem, M., Determination of Rectangular Stress Block Parameters for High Performance Concrete, Engineering Structures, 25 (2003) 371-376.

104. Wu, K.R., Yan, A., Yao, W. ve Zhang, D., The Influence of RPCA on The Strength and Fracure Toughness Of HPC, Cement and Concrete Research, 32 (2002) 351-355.

105. Zhou, F.P., Lyndon, F.D. ve Barr, B.I.G., Effect of Coarse Aggregate on Elastic Modulus And Compressive Strength Of High Performance Concrete, Cement and Concrete Research, 25, 1 (1995) 177-186.

106. Khatri, R.P., Sirivivatnanon, V. ve Gross, W., Effect of Different Supplementary Cementitious Materials On Mechanical Properties of High Performance Concrete, Cement and Concrete Research, 25, 1 (1995) 209-220.

107. Sobolev, K., The Development of A New Method For The Proportioning of High Performance Concrete Mixtures, Cement&Concrete Composites, 26 (2004) 901-907.

108. TS 802, Beton Karışımı Hesap Esasları, TSE, Ocak 1985, Ankara.

109. TS 138 EN 10002-1, Metalik Malzemeler-Çekme Deneyi-Bölüm 1: Ortam sıcaklığında Deney Metodu, TSE, Ankara, Nisan 2004.

110. TS 708, Beton Çelik Çubukları, TSE, Ankara, Mart 1996.

111. Macgregor, J.G., Reinforced Concrete, Mechanics and Design, Prentice Hall, 1997.

112. Johnson, R.P., Structural Concrete, Mc-Graw Hill, 1967.

113. Doğangün, A., Betonarme Yapıların Hesap ve Tasarımı, Birsen Yay., 2008.

114. Park, R. ve Gamble, W.L., Reinforced Concrete Slabs, John Wiley and Sons, 1980.

115. Bekaert, The Use of Steel Fiber as Reinforcement in Sprayed Concrete, Performance Criteria – SFRC Characterisation – Comparative Design with Mesh, Technical Report, 2007.

116. ACI 544.4R-94, Design Consideration for Steel Fiber Reinforced Concrete, ACI Committee 544, 1994.

117. Elsaigh, W.A., Kearsley, E.P. ve Robberts, J.M., Steel Fiber Reinforced Concrete for Road Pavement Applications, Proceedings of The 24th Southern African Transport Conference, July 2005, Pretoria, South Africa.

118. EN 1992-1-1, Eurocode 2 : Design of Concrete Structures, European Committee for Standardization, Brussels, 2002.

119. Choi, K-K., Park, H-G. ve Wight, J.K., Shear Strength of Steel Fiber-Reinforced Concrete Beams without Web Reinforcement, ACI Structural Journal, 2 (2007).

yes
i want morebooks!

Buy your books fast and straightforward online - at one of the world's fastest growing online book stores! Environmentally sound due to Print-on-Demand technologies.

Buy your books online at

www.get-morebooks.com

Kaufen Sie Ihre Bücher schnell und unkompliziert online – auf einer der am schnellsten wachsenden Buchhandelsplattformen weltweit!
Dank Print-On-Demand umwelt- und ressourcenschonend produziert.

Bücher schneller online kaufen

www.morebooks.de

OmniScriptum Marketing DEU GmbH
Heinrich-Böcking-Str. 6-8
D - 66121 Saarbrücken
Telefax: +49 681 93 81 567-9

info@omniscriptum.de
www.omniscriptum.de

Printed by Books on Demand GmbH, Norderstedt / Germany